Julián ABAGA NCOGO

# PLAN EMPRESARIAL PARA UNA AVICULTURA SOSTENIBLE

Julián ABAGA NCOGO

# PLAN EMPRESARIAL PARA UNA AVICULTURA SOSTENIBLE

Implementación de mecanismos para la producción ecológica de gallinas y huevos en la ciudad de Bata

Editorial Académica Española

**Imprint**

Any brand names and product names mentioned in this book are subject to trademark, brand or patent protection and are trademarks or registered trademarks of their respective holders. The use of brand names, product names, common names, trade names, product descriptions etc. even without a particular marking in this work is in no way to be construed to mean that such names may be regarded as unrestricted in respect of trademark and brand protection legislation and could thus be used by anyone.

Cover image: www.ingimage.com

Publisher:
Editorial Académica Española
is a trademark of
Dodo Books Indian Ocean Ltd. and OmniScriptum S.R.L publishing group

120 High Road, East Finchley, London, N2 9ED, United Kingdom
Str. Armeneasca 28/1, office 1, Chisinau MD-2012, Republic of Moldova, Europe
Managing Directors: Ieva Konstantinova, Victoria Ursu
info@omniscriptum.com

Printed at: see last page
**ISBN: 978-620-0-03395-6**

Copyright © Julián ABAGA NCOGO
Copyright © 2025 Dodo Books Indian Ocean Ltd. and OmniScriptum S.R.L publishing group

# Contenido

**PRÓLOGO**

El presente trabajo tiene como propósito diseñar un plan de negocios para la creación de una empresa basada en el sistema de producción ecológica de huevos y gallinas en la ciudad de Bata, Guinea Ecuatorial. Engloba aspectos cualitativos y cuantitativos e integra los planes operacionales (Producción, comercial, económico- financiero y contingencias). También dispone de estructuras e instrumentos básicos para la fundamentación y funcionamiento de una empresa dedicada a la producción avícola, e impregna la calidad de todo el proceso que permita desarrollar las buenas prácticas en la aplicación y gestión de los recursos y la operatividad eficiente en la práctica profesional; así mismo, incorpora las herramientas de trabajo que evitan las improvisaciones y el azar de las cosas.

El estudio se ha realizado desde Bata, enfocándose en la problemática del consumo de los productos cárnicos importados, su impacto social y la falta de producción nacional de los mismos. La inexistencia de granjas en la ciudad de Bata y el consumo de los importados, han sido las variables estudiadas en este trabajo.

Éste es un poderoso instrumento que servirá de guía para todas las actuaciones de los que serán los directivos de la empresa y al que tendrán que ajustarse todos y cada uno dentro de su área de competencia, porque según **ZUN TSU, (El arte de la guerra y/o la competencia empresarial): "la victoria puede ser creada, aunque los adversarios sean numerosos, puede hacerse que no entren en combate"**

**Julián ABAGA NCOGO,**
**PF de Maestría en ADE**

**RESUMEN**

La empresa que se pretende crear a través de la elaboración del presente plan de negocios se enfoca en el sistema de producción ecológica de gallinas y huevos con el objetivo de abastecer los mercados de la municipalidad, integrando los diferentes planes estratégicos y operacionales (plan de operaciones, plan comercial, plan económico y financiero, plan de contingencias)

El acceso a la alimentación en los países subdesarrollados, ya es de por sí un reto y, a una alimentación saludable un desafío; por una serie de circunstancias como la pobreza, la desigualdad social, etc. Sin embargo, optar por la producción ecológica de gallinas y huevos puede favorecer de forma considerable al desarrollo de nuestra sociedad; no solamente porque la cría de gallinas y huevos de forma natural o ecológica minimiza los costes de producción, sino también, los huevos naturales o ecológicos están exentos de químicos, y al mismo tiempo, son una fuente de proteínas de alta calidad; lo cual los hace más nutritivos y beneficiosos para la salud más que los huevos industriales. Igualmente, la producción ecológica de gallinas y huevos podría ser fuente de oportunidades de empleo y de negocio en nuestra sociedad, lo cual obedece a dos motivos:

**a) CRECIENTE DEMANDA DE GALLINAS Y HUEVOS ECOLÓGICOS**

La crítica de la población, las constantes sanciones gubernamentales a las empresas importadoras y comerciales de productos comestibles sobre la mala conservación de los alimentos importados (cárnicos congelados) y las consecuencias sanitarias relativas a su consumo, han concienciado al ciudadano sobre la importancia de una alimentación saludable; lo cual, puede ser motivo de incremento de la demanda de gallinas y huevos ecológicos frente a los productos importados (productos congelados)

La cría ecológica de gallinas y huevos se ha disparado en los últimos años consiguiendo que la actividad sea viable y rentable; por lo cual, tanto las gallinas como los huevos ecológicos, pueden venderse a precios atractivos que los oferentes, más que los productos importados, lo que hace que los pequeños emprendedores puedan conseguir una rentabilidad apropiada.

Además, en la vecina República de Camerún, el sector genera muchas oportunidades de empleo y de emprendimiento en los medios urbanos y rurales.

En este sentido, la producción ecológica de gallinas y huevos es actualmente una actividad rentable y viable que está contribuyendo de manera factible al desarrollo de las sociedades en desarrollo de la ganadería; igualmente, ofrece beneficios económicos, medioambientales y para la salud.

## b) BENEFICIOS DE LA PRODUCCIÓN ECOLÓGICA DE GALLINAS Y HUEVOS

**Beneficios económicos:**

La producción ecológica de gallinas y huevos puede crear oportunidades de empleo tanto en las ciudades como en las poblaciones rurales; además, es una oportunidad de emprendimiento para todos, merced a sus bajos costes de producción.

**Beneficios para la salud:**

Los huevos naturales o ecológicos son una fuente de minerales y vitaminas como vitamina B12, vitamina A, vitamina D, vitamina E, hierro, selenio, zinc, etc.; además, contienen aminoácidos básicos para una buena dieta. La carne de gallina ecológica, ofrece proteína animal que es beneficioso para el cuerpo humano.

**Beneficios para el medioambiente:**

Ya que la producción ecológica de gallinas y huevos se hace al aire libre y en un espacio natural aunque delimitado, este tipo de cría de gallinas minimiza el impacto medioambiental y permite a las aves consumir alimentos de origen vegetal, en tanto que las permite también vivir en un hábitat natural, lo cual ayuda a reducir la contaminación del agua y del aire.

# INTRODUCCIÓN

Este proyecto de emprendimiento, **consistente en el diseño de un plan de Negocios,** se deriva de la previa identificación de una oportunidad y desarrollo de negocio en el sector pecuario en la ciudad de Bata **(NTOBO 7, CARRETERA BATA-MBINI).** Esta ciudad cuenta con una variedad de ventajas: el bosque ecuatorial, mayor concentración poblacional, posibilidad de salida del país en fronteras terrestres, disponibilidad de recursos forestales y las mejores condiciones ecológicas y geográficas, que condicionan la posibilidad de implementación de una granja ecológica. En base a esta situación, surge la idea de negocio para implementar el proyecto Industria CORAL, Corporación Alimentaria, dedicada a la producción de gallinas y huevos. Para ello, se pretende diseñar y construir una planta de producción animal en NTOBO 7, utilizando métodos ecológicos tecnificados, teniendo como base de referencia, el control de calidad de todos los procesos que se llevan a cabo para la producción de gallinas ecológicas y huevos fértiles.

El proyecto Industria CORAL, busca ofrecer una ventaja económica a la ciudad, al generarle valor agregado a la gallina y huevo, si se tiene en cuenta que lo que la población consume es de calidad baja, ya que son productos importados y conservados a largo plazo, lo cual cataliza la pérdida de nutrientes que contienen.

Este proyecto consiste en la creación de una granja para la cría de gallinas ecológicas y huevos, con el objetivo de proporcionar a los clientes productos nacionales, frescos y de alta calidad. Teniendo en cuenta que, tanto la carne de gallina como sus huevos, son una fuente de minerales que incluyen selenio, zinc y aminoácidos básicos para una buena dieta; además, contienen vitamina D, vitamina E, vitamina B12, vitamina A, hierro, proteínas. Hemos pensado en formular un plan para este tipo de actividad productiva, afín de enriquecer la dieta de la población.

La primera hipótesis es formulada en 1998, cuando se detecta a través de las recomendaciones de los Técnicos del Ministerio de Agricultura, Ganadería, Pesca y Medio Ambiente (MAGBOMA) que una buena parte de los productos cárnicos importados al País, son de baja calidad y provocan la enfermedad de **TIFOIDEA,** proveniente de una bacteria llamada salmonella. En 2012, el Gobierno, a través de su **PLAN NACIONAL PARA LA DIVERSIFICACIÓN ECONÓMICA E INDUSTRIALIZACIÓN,** implementa el **PROYECTO PESA (Proyecto Especial para la Seguridad Alimentaria)**, como primer intento para dar solución a este problema. Por causas inherentes a la gestión económica y financiera (coste de producción elevado, mano de obra tecnificada inexistente), dicho Proyecto cayó en quiebra. Tras ello, en Bata se implementó la Escuela de Capacitación Agraria (ECA), como medida para disponer de RRHH capaces de orientar a los emprendedores en el sector.

En el presente proyecto se definen los requerimientos básicos de funcionamiento y operación de la empresa, y se establecen proyecciones financieras con el fin de calcular la rentabilidad del negocio y la oportunidad de crecimiento del mismo a través del tiempo.

Previamente se definen objetivos para formular el plan de negocios del proyecto, de los cuales parte la investigación y realización de este trabajo, teniendo en cuenta la idea de negocio, se realiza un estudio de mercado basado en trabajo de campo, identificando las potencialidades, ventajas y desventajas del mercado en Bata, identificando los productos cárnicos susceptibles a tecnificación de procesos. El cumplimiento de estos objetivos se evidencia a lo largo del documento y en las conclusiones del mismo.

Nuestro modelo de negocio tiene sus raíces en el "**Plan Nacional de Desarrollo Económico y Social de Guinea Ecuatorial**" y en la "**Política de Desarrollo Nacional para la Diversificación Económica e Industrialización GE, AGENDA -2035**". Para ello, se propone diseñar un plan de negocios que permita implementar una empresa basada en la producción de gallinas y huevos ecológicos en Bata, con el denominado Empresa Industria "CORAL ", Corporación Alimentaria", cuya actividad principal es la producción de gallinas y huevos ecológicos (carne y huevos con alto valor nutritivo) para enriquecer el mercado nacional, incluyendo el aprovechamiento de las excretas animales (abonos) para la explotación agrícola. Nuestro modelo está basado en:

*La diversificación de productos que ayuden a los mercados nacionales a luchar contra la inflación, para ofrecer a la población de Bata carne de gallina y huevos que satisfagan las necesidades de consumo y proporcionen a la economía de GUINEA ECUATORIAL la posibilidad de incrementar la producción nacional (PIB).*

*Se inscribe dentro del "Programa Especial del Gobierno para la Seguridad Alimentaria", en anagrama PESA.*

*Contribuye al desarrollo del sector agroindustrial para materializar el programa del gobierno de convertir a GUINEA ECUATORIAL en un país eminentemente agropecuario.*

*Inculca el trabajo en equipo y la necesidad de tomar iniciativas que colaboren con el gobierno en la lucha contra la "inflación" y el fomento de la producción nacional".*

*Se integra dentro del programa de formación de recursos humanos para conseguir el equilibrio entre la demanda de mano de obra y la oferta de la misma.*

*Se acata a las normas establecidas por el Gobierno a través del Ministerio de Agricultura, Ganadería, Pesca y Alimentación para el buen desarrollo de los proyectos agropecuarios.*

El proyecto se establece para cumplir con el abastecimiento permanente de productos pecuarios haciendo que los consumidores satisfagan sus necesidades de consumo en todo momento.

Otro factor que ofrece la garantía para la ganadería en esta zona es el clima ecuatorial con sus dos estaciones entre calor y frio, dominando el calor. Este clima fertiliza la tierra y es propicio para la realización de la agricultura. La producción pecuaria de los campesinos que se considera "tradicional" porque se limita al autoconsumo y la venta de una pequeña parte de la misma, no pudiendo así aplicar su red de producción por falta de un verdadero adiestramiento en la agricultura y la ganadería de tipo industrial y la falta de medios financieros. Por eso, desde tiempo atrás, se constata las siguientes necesidades:

*Proporcionar a la población los productos nacionales para evitar la excesiva importación de los productos agropecuarios procedentes de Camerún y otros países, lo cual genera la inflación en nuestros mercados e influye negativamente en las economías domésticas de Bata.*

*Inculcar a los ecuatoguineanos a trabajar en este sector, luchando contra la falta de producción nacional.*

*Prever con la agricultura y la ganadería la buena alimentación.*

*Proteger la renta de los trabajadores (sueldos y salarios), disminuyendo los precios de venta.*

*Crear una actividad que ayude a los parados a encontrar trabajo.*

*Fomentar la cultura del autoconsumo.*

**Los estándares que garantizan la calidad de este Proyecto son:**

*Disponer de instalaciones mínimamente adecuadas, con la adquisición del material necesario para llevar a cabo el proyecto.*

*Contratación de los profesionales en materia agropecuaria, que harán efectivos los trabajos y el "manejo de casos".*

*Llevar a cabo programas de formación de recursos humanos, fomento de la investigación científica y tecnológica en área nutricional*

En base a lo expuesto, se desarrolla este proyecto ganadero que se presenta como alternativa de solución afín de ejecutar inversiones indispensables para implementar una explotación de producción avícola, mediante procedimientos ecológicos, teniendo como oportunidad la presencia y apoyo de los técnicos de **ECA (Escuela de Capacitación Agropecuaria), INPAGE (Instituto de Promoción Agropecuaria)** y la FAO en el sector agropecuario. **Para ello, se pretende ofrecer al mercado productos de buena calidad concienciando a la población sobre la idoneidad y los beneficios de su consumo.**

La falta de producción nacional obliga a los empresarios realizar importaciones de cárnicos congelados y ofrecerlos a la población para la satisfacción de sus necesidades de consumo. Este proyecto ofrece **"garantía de consumo nacional"**.

El estudio del proyecto se justifica por la urgente necesidad de realizar los sistemas de producción avícola en la zona para abastecer a los mercados. La ejecución de este proyecto aplicará estrategias y tecnologías sencillas que minimizan los costes de producción; mejoran la calidad del producto haciéndolo competitivo en el mercado y contribuyendo a incrementar la disponibilidad de alimento de alto valor nutritivo, en especial proteínas, además de mejorar el ingreso familiar haciendo un uso más eficiente de los recursos disponibles con mínimo de intervención en el medio ambiente.

Encontramos una factibilidad operativa, al determinar la disponibilidad del recurso humano; contamos con veterinarios y técnicos agropecuarios egresados de la ECA de ALEP, los cuales disponen de capacidades requeridas para la implantación del proyecto y su ejecución.

En cuanto a los aspectos económicos, la factibilidad económica está dada por el análisis comparativo de los costes del proyecto contra los beneficios. En cuanto a la financiación, se hace necesaria la aportación de los socios al capital social de la futura empresa y la solicitud de apoyo financiero a las instituciones financieras que operan en la ciudad. En relación al aspecto económico y social, la materialización del proyecto y la consolidación de la Unidad de Producción, garantizan el empleo estable, directo e indirecto, sustentando que la producción no se limite a los factores estacionales o climáticos.

También, el rápido crecimiento económico del País por el **BUM PETROLERO**, hizo aparecer muchas empresas que requerían la mano de obra nacional, lo que provocó el abandono de la crianza tradicional por parte de los campesinos para después buscar empleo en la empresa, que era más rentable que la avicultura. Además, con el rápido desarrollo de la medicina, se constató la transmisión de muchas enfermedades procedentes de estos animales por el escaso cuidado y la falta de medios y conocimientos para el tratamiento de las enfermedades. Pero, los estudiosos en la materia avícola, tuvieron que hacer investigaciones sobre cómo criar estos animales minimizando el riesgo de padecer de sus enfermedades. En la actualidad existe un nuevo enfoque, aprovechando técnicas modernas denominadas "sistemas productivos ecológicos" que incrementan la producción de estos animales y establecen sistemas de saneamiento y prevención de enfermedades, así como mejorar el sistema de alimentación, abandonando el sistema de crianza casera o tradicional, llegando a la industria pecuaria.

La producción de carne de gallina y huevos en Bata es la mejor alternativa para luchar contra el consumo de los congelados. Con este proyecto se afianza los objetivos con los que fue establecido el extinguido programa **PESA (Programa Especial para la Seguridad Alimentaria)**.

# 1. PLANTEAMIENTO DEL PROBLEMA O IDENTIFICACIÓN DE UNA OPORTUNIDAD

## 1.1. Descripción del problema o de la oportunidad

### 1.1.1. Descripción del problema: Identificación del problema y oportunidad detectada:

La falta de granjas basadas en el sistema de producción ecológica tecnificada obliga a la población de Bata a consumir productos cárnicos importados que, por su estado de conservación a temperaturas modificadas, pierden sus nutrientes y generan problemas de salud. Se verifica que algunos de estos productos llegan caducados o se caducan durante su conservación en los almacenes de los importadores. Por esa razón, las Inspecciones periódicas realizadas por las Autoridades del Ministerio de Agricultura, Ganadería, Pesca y Alimentación obligan a los importadores a destruir dichos productos en las afueras de la ciudad (caso reciente de Comercial SANTY).

Los productos cárnicos importados se venden a precios elevados en los mercados. Ello es debido por los costes de adquisición en los países de origen, el transporte de los mismos y los costes de aduanas. Los precios de venta están por encima del Índice de Precios al Consumo de Guinea Ecuatorial, IPC (INEGE, 2010).

El consumo de los CONGELADOS IMPORTADOS ha generado problemas de salud, es el caso de infección por SALMONELLA, que padece una buena parte de la población (UNGE, 2000). De hecho, hemos partido de la teoría empírica/hipótesis de las mujeres cocineras de los congelados: *"Antes de cocinar carne congelada, hay que hervirla en el agua durante un cuarto de hora y al final lavarla bien, para que libere una espuma viscosa en forma de grasa espesa, cuyo consumo puede ser peligroso para la salud"*. De hecho, en toda la ciudad, las mujeres utilizan esta técnica como medida para sacar la grasa espesa formada en la carne congelada. En una primera hipótesis, la carne de gallina rural, al hervirla durante un cuarto de hora, solo libera aceite que contiene sus nutrientes. Y este aceite sabe a la misma gallina. En base a esa hipótesis, nos preguntamos si realmente la carne de gallina de los congelados importados puede ser nutritivo como la de la gallina rural. Al no haber estudios científicos realizados para averiguar la diferencia en la cuestión anterior, nos quedamos con la afirmación de que la carne conservada prolongadamente a temperaturas bajas, pierde nutrientes y puede ser nocivo para la salud; entre tanto que la gallina rural recién sacrificada, es más recomendable.

La falta de explotación del sector ganadero en nuestro país, ha sido una oportunidad para la formación de una red de importadores oligopolísticos, que venden sus productos a precios elevados y en condiciones inadecuadas: mala conservación, productos en estado perecedero, o de baja calidad.

Los conservantes y aditivos inyectados a los congelados importados, permiten que éstos tengan un ciclo de vida más largo, lo que es consecuencia de baja calidad al conservarse a temperaturas modificadas.

### 1.1.2. Antecedentes del proyecto. ¿Por qué de este proyecto?

*¡Hemos de innovar el sector ganadero en Guinea Ecuatorial!*

Realizamos este estudio para diseñar un proyecto de empresa por la urgente necesidad de la producción nacional de gallinas y huevos para el mercado de Bata, afín de abastecer los mercados de la ciudad, inculcando hábitos alimenticios saludables y ofreciendo a la población productos libres de toda contaminación.

En todos los mercados de Bata la mayor oferta la constituyen los productos congelados importados. Por lo que se requiere proyectos a nivel nacional. Para ello, se ha de desarrollar el modelo de producción ecológica para minimizar los costes de producción, afín de rentabilizar la economía familiar. Con este enfoque, se puede reducir el consumo de **CONGELADOS IMPORTADOS**.

La población de Bata lleva muchas décadas consumiendo los congelados importados. Desde 1990, se han realizado esfuerzos en implementar granjas industriales en el País. Muchos de estos proyectos, tanto públicos como privados, han terminado en fracaso. Ese problema hace persistir en la importación de cárnicos congelados y en el consumo de los mismos, lo que trae como consecuencia, la degradación de la salud por parte de los consumidores.

Las constantes sanciones gubernamentales a las empresas importadoras y comerciales de productos comestibles en relación a la mala calidad y conservación de los alimentos importados (caso de comercial Martínez Hermanos y SANTY) y las consecuencias sanitarias relativas a su consumo, empiezan a concienciar sobre la importancia de una alimentación saludable; lo cual podría incrementar la demanda de gallinas y huevos naturales frente a los productos importados.

Para ello, pretendemos intervenir en el sector mediante el diseño de un plan de negocios y la consiguiente creación de la empresa, basada en un sistema de producción ecológica de gallinas y huevos en la ciudad de Bata.

Los analistas internacionales en materia de producción animal, recomiendan el consumo de aves criados ecológicamente, ya que son más saludables que las aves producidas mediante métodos convencionales.

### 1.1.3. Destinatarios/segmento de mercado

Nuestro estudio se enfoca en averiguar si, con la implementación del proyecto en Bata, la población aceptaría la oferta; de esta manera, disminuir el consumo de cárnicos importados, lo que puede contribuir en la mejora de la salud. Por lo que, los destinatarios de nuestro estudio son todos aquellos que consumen gallinas y huevos.

### 1.1.4. Planteamiento del problema

En Bata, el sector ganadero no está desarrollado. No existe producción nacional que pueda abastecer los mercados; por lo que, la población se declina en el consumo de los **"CONGELADOS"** importados, que degradan la salud pública. Existen varios factores que coadyuvan a la falta de producción nacional: económicos, situacionales y legales. Tras la aparición del BUM petrolero en 1990, la población rural fue abandonando gradualmente la producción cárnica, para buscar empleo en las empresas basadas en las dos principales ciudades del País. Este abandono dio oportunidad para que otros comenzaran a comercializar cárnicos congelados, lo que generalizó su consumo a nivel nacional.

El problema aquí consiste en que, a lo largo del tiempo, el consumo prolongado de cárnicos congelados caducados o mal conservados, ha hecho aparecer   ciertas patologías en la población. Según Kopper et al. (2009, p. 5), "los microorganismos responsables de estas enfermedades comprenden coliformes fecales, Clostridium botulinum, C. perfringens, Staphylococcus aureus, Bacillus cereus tipo emético, Vibrio cholerae, V. parahaemolyticus, Yersinia enterocolitica, Shigella sp., Salmonella sp., Listeria monocytogenes, entre otras.

Asimismo, ocurren casos de otras enfermedades parasitarias como las causadas por protozoarios la amibiasis, giardiasis, triquinosis, cisticercosis.

La falta de una buena organización de los factores de producción para el sistema ecológico, tanto de los agentes públicos como privados, es uno de los antecedentes del problema de consumo de los **CONGELADOS** importados en Bata.

### 1.1.5. Situación actual del entorno de Bata

La demanda de gallinas y huevos de producción ecológica a nivel nacional, genera una necesidad insatisfecha, lo que requiere la implementación de granjas en la ciudad de Bata, para reducir el consumo de congelados importados por las empresas **MH, EGTC, SANTY y PEGASOS.**

La principal causa estriba en que, en los pueblos tanto cercanos como lejanos de la ciudad, solo existe la cría de gallinas no tecnificada a pequeña escala (sistema de producción sin atención veterinaria para el control de enfermedades y contaminación por plagas); por lo que existe la imperativa necesidad de tecnificar e implementar métodos de control de la producción ecológica, afín de ofrecer a la población de Bata animales saludables, aptos para el consumo humano. La producción rural, se destina para el consumo doméstico, lo que también causa problemas de salud en medio rural.

El censo de producción ganadera realizado por el Instituto Nacional de Estadísticas de GE revela la siguiente distribución de consumo por parte de la población, no solo de Bata, sino de todo el País: los productos cárnicos congelados (75%), productos pesqueros marinos (20%), otros (5%) (INEGE, 2010).

A día de hoy, el problema no está resuelto. **En el Plan Nacional de Desarrollo Económico y Social de GE**, se dio poca importancia al sector ganadero **(ECONOMIC TRADE AND INVESTMENT SUMMY, 2020)**

El Programa **"BANGE IMPULSA"**, desarrollado por el Banco Nacional de Guinea Ecuatorial desde 2020, está ofreciendo recursos a otros sectores de inversión. Algunos de los emprendedores en el sector ganadero, no han tenido oportunidad de recibir financiación para sus proyectos de inversión. Solo  el Proyecto Granja Pollos Guinea (GPG), instalada en Malabo en 2020, recibió financiación en 2022 por un importe de 25.000.000 XAF, según el mismo Programa BANGE IMPULSA.

En la actualidad, los cinco (5) mercados que conforman el término municipal de Bata siguen ofreciendo como alimentos, cárnicos importados por la red de empresas Martínez Hermanos (MH), EGTC, SANTY, PEGASOS. Según el Instituto Nacional de Estadísticas de GE, INEGE, la oferta de gallinas y huevos producidos en el país, representa el 1% del mercado. La cría doméstica de aves a nivel rural, abastece en pequeñas cantidades a los mercados de Bata, ya que se destina mayoritariamente al consumo doméstico y ocurre cuando alguna familia alberga un huésped o hay un evento festivo (bautizo, fin de año, fiesta patronal, defunción, casamiento, conforme a la tradición FANG).

Las empresas **MH, SANTY, EGTC, PEGASOS**, importadoras de cárnicos Congelados en Bata disponen de plantas de conservación en la zona industrial del puerto de Bata (cámaras frigoríficas), desde donde se realiza la distribución a supermercados, puntos de ventas especializados. Para ello, cuentan con flotas de distribución de productos, compuesta por vehículos (camionetas) y personal de reparto; de esta manera, abastecen a las tiendas de los malienses que se encuentran en diferentes barrios de la ciudad, puestos de ventas de las mujeres vendedoras de productos congelados en los mercados y barrios adyacentes; así como a las mujeres detallistas o **BAYAM SELAM** (en inglés corriente) instaladas en los mercados **Central, km 5, BIKUY, MONDOASI, NGOLO, LA FINA**. Los productos distribuidos para la venta son: gallinas y sus derivados, pollo y sus derivados, pavo y sus derivados, cerdo y sus derivados, pescados (principalmente chicharro, corvina, carpa, besugo, pescado rojo), carne de vaca, huevos comerciales.

En los mercados **Km 5 y Central**, existen vendedores de gallinas rurales y huevos fértiles a pequeña escala. Estas aves son traídas de diferentes poblados cercanos a la ciudad. Los compradores son aquellos que desean realizar algún acto donde necesitan animales vivos. Los precios están entre 3.000 XAF y 5.000 XAF, según tamaño; entre tanto el huevo fértil está entre 300 XAF y 500 XAF.

### 1.1.6. Formulación técnica de la oportunidad de negocio en la ciudad de Bata: del problema a oportunidad

**Principales variables que marcan nuestra oportunidad de negocio en Bata**

En el problema, objeto del estudio, existen algunas variables cualitativas y cuantitativas que definen la oportunidad que requiere realizar la inversión en el sector ganadero en Bata. Estas variables son:

La población de Bata, constituida por 300.000 Habitantes, según datos demográficos de INEGE. De éstos, 72% son de la etnia FANG (216.000 habitantes), los cuales, en su mayoría son consumidores de productos cárnicos congelados (Censo de población, vivienda y agricultura de 2021, conforme al IPC de GE). Estos datos nos revelan que en Bata existe población que consume los productos cárnicos, ya sea gallinas como otros tipos de carne, pero sin especificar el total de la población consumidora de gallinas y huevos.

En el entorno de Bata, existen espacios terrestres que favorecen la implantación de granjas. La zona de km 7, donde se desea ubicar la planta, está rodeada de los ríos EKUKU, BUAR, MIYUA, OTONG EYANG, AVUARÉGOO, los cuales fertilizan la tierra y evitan la escasez de agua en tiempos de sequía (junio- septiembre de cada año). La fertilidad de la tierra es un factor fundamental para encontrar alimentos para los animales, porque permite la explotación de los productos como maíz, soja, cacahuete; los cuales, transformados mediante métodos de cocción, secado y trituración, sirven de alimento para las gallinas

La existencia de la Escuela de Capacitación Agraria de ALEP. Esta escuela forma a técnicos en el sector agropecuario que pueden ofrecer sus conocimientos técnicos- profesionales para el avance y desarrollo de la propuesta. Es una variable muy oportuna para la implementación de la granja en la ciudad de Bata.

La existencia del Instituto Nacional de Promoción Agropecuaria de Guinea Ecuatorial (INPAGE). Este ente autónomo tiene por misión ofrecer apoyo técnico (donación de materiales, realización de consultorías, seminarios de orientación) a emprendedores del sector agropecuario.

La producción del pescado ahumado en la ciudad de MBINI (situada a 40 km de Bata). El ahumado mezclado con algas del mar, la soja y el maíz, permite obtener pienso casero (en sustitución del pienso concentrado) destinado para alimentar a las                                                                                  gallinas.
Según José Obrero, granjero de la ciudad de AÑISOK, el pienso casero remplaza el pienso concentrado en entornos donde este último es costoso (Entrevista directa).

La disponibilidad de material de construcción (madera aserrada, grava, arena, cemento), que favorece los trabajos de diseño y construcción de la estructura de la granja.

El clima ecuatorial, en sus dos estaciones (lluviosa y seca), favorece la cría de aves mediante el sistema de producción ecológica.

## 1.2.  Justificación

Pantoja (2009) enfatiza la importancia de justificar el estudio, exponiendo aquellas razones que le dan sentido, más allá del deseo o preferencia del investigador sobre el tema en cuestión.

La implantación de sistemas de producción ecológicos plantea nuevos retos. El modelo de avicultura certificada en el reglamento actual de producción ecológica es muy diferente al modelo de producción convencional (Palacios y Castillo, 2017, p. 42). En la producción pecuaria, el modelo industrial está siendo sustituido por el integral ecológico, donde los animales se crían en un campo, al aire libre, controlando factores como plagas, depredadores y otros que pueden afectar la vida de las aves.

En la ciudad de Bata, ha habido granjas al modelo industrial. El Proyecto PESA, la granja de BICOM SL, la Granja   AFROM GUINEA SL, son ejemplos de proyectos industriales que no tuvieron éxito.

El modelo industrial requiere fuertes inversiones, ya que su estructura prevé elementos como la maquinaria sofisticada, suministros, mano de obra tecnificada, costes de producción y de mantenimiento. La estructura de costes en este tipo de industria es muy rígida que en el modelo ecológico: inversión a realizar en la adquisición de todo el equipamiento necesario para mantener el ritmo de producción constante.

La idea de implementar la granja avícola en la ciudad de Bata con el fin de producir y comercializar gallinas y huevos ecológicos surge a raíz de nuestras observaciones donde hemos constatado  una demanda insatisfecha del consumo de gallinas naturales por parte de los consumidores; es decir, la producción y comercialización  de gallinas y sus derivados, sigue siendo cuestión sin resolver (ya que la población de Bata es consumidora de gallina y huevos importados); por lo que, la gallina que pretendemos producir y  comercializar cuenta con una demanda razonable al tratarse de un producto muy demandado en los mercados de Bata, pues forma parte de la dieta básica de los habitantes de la ciudad.  Por otro lado, el mercado de producción ecológica de gallinas y huevos, no cuenta con una competencia fuerte porque no existen granjas de este modelo en el país.

La producción campesina no cubre la demanda de mercado, es por eso, la población se inclina únicamente a las gallinas congeladas importadas. las familias campesinas que se dedican a la cría de aves de corral, lo hacen en pequeñas proporciones, y sin los debidos cuidados; por lo que lo hacen un producto de menor calidad.

Una entrevista reciente realizada al Gerente de producción de la empresa GRANJA POLLOS GUINEA (GPG) ha revelado que los costes de implementación, mantenimiento, producción, administración son los principales móviles del fracaso de dicho modelo en nuestro País. Al comparar la estructura de los costes con la de los ingresos, se observa la poca rentabilidad que ofrece el modelo de granja industrial. Una de las principales variables que eleva los costes en el modelo convencional es la importación de los materiales relacionados con la implementación de la planta de producción: estructura básica, suministros, otros costes.

Las cuestiones tratadas en nuestro estudio se enfocan en responder a las siguientes preguntas:

¿Cuál es el impacto social, económico y nutricional que genera la falta de producción pecuaria en la ciudad de Bata?

¿Por qué a pesar de las políticas públicas implementadas por el gobierno en su Plan de Industrialización y Diversificación Económica, las inversiones realizadas en el sector ganadero, no han dado los resultados deseados?

La primera cuestión hace referencia a la disponibilidad de la oferta de mercado. En Bata, la mayor oferta es la venta de productos cárnicos importados que, en ocasiones, llegan caducados o perecen en los almacenes de los importadores; además, por conservación prolongada a bajas temperaturas, sufren la pérdida de los nutrientes generando patologías que degradan la salubridad de las personas (Gavaret, 2016).

Un estudio de la facultad de ciencias médicas de la Universidad Nacional de Guinea Ecuatorial, reveló que el 65% de los consumidores de cárnicos congelados en todo el país se expone al riesgo de padecer patologías como salmonella, lo que se debe al método de conservación de los alimentos, el estado perecedero en el que son consumidos y otros factores que influyen en la degradación de los mismos (UNGE, 2000).

La segunda cuestión obedece a razones financieras. El elevado coste de producción en la granja industrial, ha sido el mayor catalizador de sus quiebras. En la entrevista realizada en la planta de producción de la Granja Pollos Guinea, el Gerente aseguró que todo el equipamiento, incluyendo materias primas (pollitos, pienso, medicamentos, bebederos y comederos) que se utiliza en el modelo industrial, se adquieren desde fuera. Por eso, en ocasiones, la unidad de producción no pueda soportar la estructura de costes (fijos y variables). Otro factor es la situación misma del mercado. La población de nuestro País, alcanza los 1.225.377 habitantes (Censo de población de 2015). La ciudad de Bata tiene 300.000 habitantes (INEGE, 2015). Si a esa densidad poblacional se la añade la situación del mercado laboral (la recesión económica de 2012 es influyente), entonces llegamos a la conclusión de que, para solucionar el problema, es necesario replantear el modelo de producción a utilizar en la implementación de las granjas en nuestro país.

Todas esas variables influyen en la imposibilidad de desarrollar una estructura de granja industrial en nuestra ciudad. Si no hay buen estudio financiero (capacidad de producción instalada con el ritmo de venta), se incurrirá en unos costes innecesarios. Es lo que pasó con las granjas PESA, BICOMO, AFROM GUINEA, ALEP.

Una prueba esencial está en la granja de José Obrero. Es una pequeña explotación casera a estilo ecológico, que solo abastece la ciudad de AÑISOK. Persiste hasta el día de hoy. Su capacidad instalada le permite soportar la estructura de los costes y cubrir dichos costes con la demanda de la ciudad. Según dijo: *"Entre tanto que no he conseguido una financiación externa sólida, mi prioridad es el consumo del hogar; el excedente se vende en el mercado, para afrontar los costes de estructura y los gastos corrientes".*

La oferta de congelados en los cinco mercados de Bata, tiene un impacto social porque, al ser la alternativa dominante, la población se declina en su consumo. Por esa razón, el impacto de esa oferta es negativa a nivel poblacional porque son alimentos que gradualmente pierden nutrientes; por lo que no aportan grandes beneficios para la salubridad y la vitalidad del cuerpo. Por otra parte, al ser la alternativa dominante, la oferta oligopolístico ha hecho que los precios de adquisición de esos productos sean elevados en comparación con el poder adquisitivo de las familias.

En las entrevistas realizadas en los mercados central y km 5 (como los más grandes de la ciudad), se ha tomado como muestra 280 mujeres (200 demandantes y 80 vendedoras de gallinas y huevos), así como 280 hombres.  Los primeros resultados obtenidos son los siguientes:

**Mercados Central (SUNIL) y km 5:**

56 mujeres vendedoras de congelados, responden que comen gallinas 4 veces a la semana en dieta variada (gallina entera, pollo, las de gallinas y de pollos, patas de pollo, espalda, mollejas, muslos de gallinas y de pollo) y desayunan con huevos 3 veces a la semana. La razón es que la gallina es fácil a preparar y presenta diversas variedades por encima de otros cárnicos.

80 mujeres compradoras responden que comen gallinas casi todos los días en dieta variada (gallina entera, pollo, las de gallinas y de pollos, patas de pollo, espalda, mollejas, muslos de gallinas y de pollo) y desayunan con huevos 7 veces a la semana.

64 hombres vendedores de productos de gallinas, consumen derivados de gallinas y pollo 5 veces a la semana en dieta variada y desayudan con huevos 3 veces a la semana

190 hombres compradores afirman consumir derivados de gallinas y pollo 5 veces a la semana y desayunan con huevos 3 veces.

160 comerciantes de productos congelados (carne y pescado) del mercado, denominados BAYAM SELAM (venta en detalle, en inglés corriente), afirman que entre los productos cárnicos, la carne de gallina es más apreciada por delante del **pavo, cerdo y por igual del pollo**; por lo que, de sus ventas globales diarias, 40% representan lo que venden de gallina en sus variedades (gallina entera, muslos de gallina, alas de gallina); mientras que 15% representan ingresos por venta de pavo (alas de pavo corto y largo, muslos de pavo,),  5% de cerdo, 5% de carne de vaca y 35% en pescado (chicharro, besugo, barbo, corvina, carpa, etc. ). Los productos de cerdo son consumidos en su mayoría por las etnias **FANG, COMBE, BUBI, BISIÓ, BASEQUE, BENGAS**.

Tambien, los malienses, propietarios de pequeños establecimientos comerciales denominados **"ABACERIAS"**, situados en diferentes barrios y mercados públicos, realizan las ventas de los productos congelados que adquieren de los importadores a precios  detallistas, aunque también los ciudadanos cuando reciben su renta mensual, realizan sus compras al mayor en los almacenes de los importadores para conservar en sus congeladores, lo cual les aventaja disminuyendo su presupuesto de consumo y ahorrando para otros gastos del hogar.

El estudio comparativo de precios de productos congelados realizado en el mercado de km 5 en mayo de 2023, dio como resultado, los datos de las siguientes tablas:

Tabla 1.

Estudio comparativo de precios de congelados en el mercado Km 5

| Núm. | Tipo producto | Precio Venta/Kg (mercado) | Precio compra Almacén | Beneficio en venta/Kg | Beneficio/caja de 10Kg |
|---|---|---|---|---|---|
| 1 | Gallina entera calidad baja | 1.700 | 1.300 | 400 | 4.000 |
| 2 | Pollo de carne | 2.000 | 1.800 | 200 | 2.000 |
| 3 | Rabos de cerdo | 2.500 | 1.850 | 650 | 6.500 |
| 4 | Patas de cerdo | 1.500 | 1.300 | 200 | 2.000 |
| 5 | Alas de gallina | 2.000 | 1.750 | 250 | 2.500 |
| 6 | Patas de pollo | 1.500 | 1.300 | 200 | 2.000 |
| 7 | Huevos (10 bandejas) | 30.000 | 25.000 | 5.000 | 5.000 |
| 8 | Muslos de gallinas | 1.800 | 1.450 | 350 | 3.500 |
| 9 | Alas de pavo corto | 2.500 | 2.000 | 500 | 5.000 |
| 10 | Gallina entera calidad media | 2.000 | 1.500 | 500 | 5.000 |
| 11 | Muslos de pavo | 1.800 | 1.550 | 250 | 2.500 |
| 12 | Pilones de pollo | 2.000 | 1.800 | 200 | 2.000 |
| 13 | Alas de pollo | 1.800 | 1.500 | 300 | 3.000 |
| *TOTALES* | | **53.100** | **44.100** | **9.000** | **45.000** |

Fuente: Observación directa (mayo, 2023)

Tabla 2.

Precios de ventas de congelados en almacenes de importadores

| Tipo de producto congelado | Núm. kg/caja | Precio/caja Almacén | Precio/kg Almacén | EGTC Importador PC | SANTY Importador PC | MH Importador PC |
|---|---|---|---|---|---|---|
| Caja gallina entera de calidad media | 10 | 15.000 | 1.500 | Si | Si | Si |
| Caja de pollo de carne | 10 | 18.000 | 1.800 | Si | Si | Si |
| Caja de rabos de cerdo | 10 | 18.500 | 1.850 | Si | Si | Si |
| Caja de patas de cerdo | 10 | 13.000 | 1.300 | Si | Si | Si |
| Caja de alas de gallina | 10 | 17.500 | 1.750 | Si | Si | Si |
| Caja de alas de pollo | 10 | 15.000 | 1.500 | Si | Si | Si |
| Caja de patas de pollo | 10 | 13.000 | 1.300 | Si | Si | Si |
| Caja de muslos de gallina | 10 | 14.500 | 1.450 | Si | Si | Si |
| Caja de alas de pavo corto | 10 | 20.000 | 2.000 | Si | Si | Si |
| Caja de gallina entera de poca calidad | 10 | 13.000 | 1.300 | Si | Si | Si |

| Caja de muslos de pavo | 10 | 15.500 | 1.550 | Si | Si | Si |
| Caja de pilones de pollo | 10 | 18.000 | 1.800 | Si | Si | Si |
| Caja alas de pavo largo | 10 | 15.500 | 1.550 | Si | Si | Si |
| *MEDIA* | *13* | *15.885* | *1.588* | | | |

Fuente: Observación directa ( mayo,  2023)

**Evaluación de las tablas  1 y 2:**

 En las tablas 1 y 2, hemos tomado como muestra 13 cajas  de variedades de productos congelados diferentes (pollo, pavo, gallina y cerdo). En la tabla 1, hemos averiguado el precio de venta/caja en los almacenes de los importadores y el precio de venta de los detallistas en los mercados. El excedente obtenido por el vendedor del mercado (donde la población acude con frecuencia),  se calcula en **45,000 francos (69,00 EUR)**, cuyo precio de adquisición en los almacenes de los importadores asciende a **206.500 francos (314,80 EUR)**, mientras que el precio de venta de  los vendedores de mercado alcanza los **261.000 francos (397,89 EUR)**. Según esos calculos,  una familia de 10 miembros, cuyo jefe del hogar cobra 200.000 Francos o menos de ese **importe, teniendo en cuenta que actualmente el SMI se sitúa en los 124.000 francos, equivalente a 189 EUR  (Ley num. 4/2021, de fecha 3 de diciembre, General del Trabajo en la República de Guinea Ecuatorial; BOE, 2021**), dicha familia se enfrenta con un alto déficit en el presupuesto de alimentación a causa  del alza de precios del mercado de productos de gallina, pavo y cerdo importados  al país. Según datos de la tabla 1, los **261.000 francos que obtiene  el Comerciante del mercado en sus ventas brutas, tras vaciar el stock de trece cajas, constituye el coste de vida de la población consumidora de estos productos congelados importados) y, a veces, mal conservados (cortes de luz, fecha de caducidad vencida, etc.).** Por lo que, muchos de estos productos exponen al riesgo de degradación de la salud  ya que durante su ciclo de vida pierden valor y se desgastan; todo ello peligra la salud física de los ciudadanos provocando enfermedades que conllevan a casos de muertes (Gavaret, 2016).

Las entrevistas realizadas en los barrios de IKUNDE, NKOLOMBONG, NTOBO y NGOLÓ, BICUY revelaron que en Bata no existen competidores en la produccion nacional de gallinas y huevos; ya que no se registran granjas. En momentos festivos (fin de año, matrimonios, defunciones, bautizos, fiestas tradicionales), la población se desplaza a otras ciudades  o en **KIE OSSI (Camerún)** para buscar aves. Se contempla que el mercado para la comercialización de gallinas y huevos, no presenta ningún inconveniente. La venta de animales de descarte (gallinas disponibles para la venta), está asegurada ya que tiene una gran cercanía con cinco mercados y establecimientos interesados en la adquisición de la carne para consumo.

El proceso de comercialización de gallinas y huevos para el consumo en la ciudad de Bata se realiza a través de los canales siguientes: productor, mayorista, Minorista y consumidores finales. La explotación agropecuaria comercializará directamente sus productos o a través de intermediarios, aunque se encuentra limitado por ser un producto perecedero. Los huevos requieren solamente ser clasificados en dos tamaños grandes y pequeños, empacados para ser comercializados.

El estudio realizado por el Instituto Nacional de Estadistica (INEGE,  2022), reveló que el mercado de bienes de consumo en nuestro País (productos alimenticios), sigue reclamando la producción nacional para reducir los costes de adquisición. La población consumidora de estos productos en Bata alcanza los 75%, ya que no existen alternativas para la producción nacional. Solo los que alcanzan un poder adquisitivo elevado, adquiere los productos pesqueros de alto valor nutritivo procedentes del mar (pescado de playa o pescado fresco y pescado ahumado), cuyo precio de venta es: kg de colorado  **5.000 francos (7,62 EUR) y 10.000 francos (15,24 EUR)** ; mientras que las otras especies como capitán, lenguado, besugo, etc.,  están entre **10.000 francos/kg (15,24 EUR) y 15.000 francos /kg**

**(22,86 EUR)**. Estos mismos, adquiere animales cazados cuyo precio medio ronda en los **25.000 francos /animal (31,11 EUR).**

El estudio de la evolución de precios de los productos congelados dados por los competidores y contemplado en las tablas 1 y 2 (el estudio consiste en conocer el coste de vida de la población consumidora de productos  congelados importados por MH, EGTC, SANTY en calidad de la población más vulnerable), conlleva a conclusiones convincentes: **implementar acciones para la producción nacional, como alternativa para reducir los costes y evitar el excesivo consumo de los cárnicos congelados importados.**

Independientemente de la rentabilidad financiera que se obtendrá con el proyecto, su ejecución  aportará beneficios tanto sociales como personales:
Por un lado, conseguir el desarrollo de habilidades profesionales y personales, como la creatividad e innovación, el liderazgo organizacional, la gestión de recursos, la comunicación y la participación en la búsqueda del bienestar social.

Por otro lado, crear hábitos alimenticios saludables, erradicando la malnutrición y reduciendo ciertas enfermedades que adolecen a la población de Bata.

Todo el analisis anterior sirve para ofrecer una alternativa ecológica-nutricional y saludable al mercado tradicional. El  fin último es que Bata,  capital económica del país, se convierta en  productora de gallinas y huevos mediante la utilización de métodos ecológicos.

**En este sentido, existe la imperativa  necesidad de ubicar una granja en el entorno de Bata para la producción avícola afín de abastecer los cinco mercados de la municipalidad. De esta forma,  se pretente  solucionar el problema de  la importación y consumo de congelados en la ciudad, ofreciendo empleos a la comunidad e influyendo en la mejora de la dieta alimencia del ciudadano. Para ello, mi función es intervenir en la solución del problema mediante la implemntación de una granaja de producción ecológica en la ciudad.**

Por lo tanto, este proyecto se justifica en la medida en que se desea resolver el problema del consumo de gallinas y huevos congelados importados al país debido a la falta de producción nacional. Este problema tiene como consecuencia, el alza de precios de gallinas y huevos en los mercados y la falta de salubridad de los mismos. Con este proyecto pretendemos abrir una brecha para fortalecer la producción pecuaria utilizando el método ecológico tecnificado; además de ofrecer empleos a las familias en situación de vulnerabilidad laboral (paro). Proponemos la producción pecuaria a través del modelo **ECOLÓGICO TECNIFICADO.**

Y Para materializar nuestro propósito, diseñamos una metodología de trabajo que se enfoca en la realización de la toma de muestra para realizar un análisis situacional de la producción avícola en la ciudad de Bata (recolección de datos que muestren la evolución histórica de la producción avícola en nuestro País). El procedimiento será realizar encuestas y entrevistas de profundidad a ganaderos rurales, a vendedores y compradores de los mercados de Bata. Además, para concretar el estudio, se pretende acceder a la información disponible (si hay) en las instituciones como INPAGE (Instituto de Promoción Agropecuaria de Bata), ECA (Escuela de Capacitación Agraria), DAGA (Delegación de Agricultura, Ganadería y Alimentación), INEGE (Instituto Nacional de Estadística de Guinea Ecuatorial).

## 1.3. Objetivos

En este proyecto se describe la creación de una granja ecológica, es decir, una granja dedicada a la producción y venta de productos biológicos y, más concretamente, gallinas y huevos ecológicos. Para implementar esta idea, se ha marcado un objetivo general y unos objetivos especificos.

### 1.3.1 Objetivo general

*Diseñar un plan de negocios para la creación de una empresa basada en un sistema de producción ecológica de gallinas y huevos en la ciudad de Bata-Guinea Ecuatorial.*

## 1.3.2. Objetivos específicos

> Aplicar un estudio de mercado que determine la oferta y demanda de gallinas y huevos en el sector.

> Elaborar el análisis FODA del negocio con el fin de diseñar estrategias necesarias para la puesta en marcha y desarrollo del proyecto

> Determinar la factibilidad técnica y capacidad instalada para la implementación del negocio.

> Realizar el estudio económico-financiero que evidencie la viabilidad del negocio

> Participar activamente en la realización de obras sociales, para mejorar con acciones benéficas, las condiciones de vida de las personas que viven en el entorno externo (Responsabilidad social corporativa)

> Realizar el estudio administrativo y organizacional del proyecto, que determine los costes tanto económicos como sociales que soportará la empresa en su fase de funcionamiento.

> Elaborar el plan de las actividades iniciales del proyecto, previo a la implementación del mismo.

## 1.4. Caracterización del contexto donde se produce/desarrolla el problema o se identifica la oportunidad

Bata es una ciudad mediana que concentra etnias multiculturales, tradiciones y hábitos alimenticios diferentes. Su conexión con el interior del país, hace que cuente con una población mayoritariamente de la etnia FANG, la cual se alimenta de carne y pescado. En los pueblos vecinos de Bata, esta etnia practica la ganadería tradicional. Con la aparición de la enfermedad de la TENIA en los años 80, el gobierno, a través del Ministerio de Sanidad, organizó la campaña de sensibilización sobre las consecuencias del *"consumo de animales criados tradicionalmente", sin algún método que permita el control de la salubridad y de riesgo de contaminación de enfermedades.* Es a partir de esta óptica que la población de Bata comienza a abandonar el cuidado animal y el consumo de los mismos, remplazando dicho sistema alimenticio por la importación de productos congelados. En 1980, la empresa Martínez Hermanos se instala en Bata; y, a partir de 1990, diversifica las importaciones de productos congelados como gallinas, pollo, pavo, cerdo, etc. En esta misma línea, se incorporan las empresas SANTY y EGTC.

Con la explotación de petróleo a partir de la década de los 90, se contempla la elasticidad del precio de los productos con respecto a la demanda, ya que, las familias al aumentar sus ingresos salariales, los importadores también aumentaron los precios de sus productos.

Con la recesión económica que parte de 2012 debido a la disminución del precio de petróleo y la corrupción generalizada en el país, muchos ciudadanos pierden empleo; esa situación provocó la crisis alimenticia en los hogares, porque los precios de productos alimenticios se elevaron gradualmente.

Ante esa situación, los emprendedores comenzaron a implementar granjas industriales en Bata, como el caso de la Granja CHINA en BICOM, la Granja AFROM GUINEA en BIYENDEM y la granja PESA en ALEP KM 9, CARRETERA BATA-NIEFANG. La granja del Profesor José OBRERO en AÑISOK (Agrupación de Fomento Agropecuario de AÑISOK, AFAA), es una empresa dedicada a la producción, distribución y comercialización de productos agropecuarios para garantizar la seguridad alimentaria en los mercados de la ciudad de AÑISOK. A día de hoy, esas granjas ya no existen (Excepto la granja de José Obrero). ¿Cuáles fueron los motivos del cierre de esos proyectos?

En 2021 el Instituto Nacional de Estadísticas de GE, reveló que, de las 800 empresas del País, 0,5% se dedican a la agricultura y con proyectos ganaderos no llevados a cabo (INEGE; Censo de Empresas, 2021). Las causas son:

*Falta de financiación que permita asentar las bases y desarrollar los proyectos. La financiación deficitaria, hace que no se pueda adquirir todos los equipos necesarios.*

*Falta de personal tecnificado.*

*Ventas que no cubren los costes de producción y de mantenimiento.*

**¿Cuáles son las principales variables que influyeron en el cierre de esos proyectos?:**

*Dificultad en el manejo de granjas de modelo convencional.*

*Elevados costes de implementación, producción y mantenimiento*

*Falta de cobertura del poder político para poner los medios necesarios afín de convencer a la población en el consumo de productos nacionales. Se necesita la implicación del Ministerio de Sanidad, Agricultura y Ganadería, Comercio, Industria y la prensa publica para establecer programas para la educación alimenticia, la importancia de la producción y la ventaja del consumo de los productos ecológicos nacionales.*

*Poca capacidad de producción para posicionar los productos en el mercado, haciendo visible los productos nacionales.*

*Elevados costes de materias primas, como pienso, medicamentos para sanidad animal, material de veterinaría*

Ante esta realidad, el presente trabajo que culmina con el diseño de un plan de negocio empresarial para una granja ecológica en Bata, está motivado por:

*Descubrir las causas del alza de precios de los productos congelados en los mercados de Bata, la falta de producción de gallinas y huevos en la jurisdicción. Tal como se observa en la hipótesis del problema, 75% de la población Batense es consumidora de productos avícolas; por lo que, la implementación de una granja avícola es una alternativa de solución que permita disminuir la importación de congelados. Pero también surge la preocupación de saber del porqué del fracaso de las granjas anteriores.*

*Identificar las potencialidades y oportunidades que ofrece el sector pecuario en la ciudad de Bata.*

*Conocer a ciencia cierta, el impacto del consumo prolongado de los congelados en la salud de los habitantes de la ciudad*

*Favorecer la toma de decisión sobre la inversión en el sector, teniendo en cuenta los riesgos internos (debilidades) como externos (amenazas)*

*Analizar las estrategias necesarias para el aprovechamiento de las oportunidades del sector en Bata y fortalezas que se dispone para la materialización del proyecto.*

## 1.5.  Dificultades y limitaciones.

Toukea, Néstor (2001, p.120)*,* afirma: ***"las dificultades son escuela de sabiduría"***

Todo trabajo humano tiene limitaciones. Durante el desarrollo de los trabajos de campo, se han enfrentado a diversos obstáculos, que han dificultado nuestra investigación:

***Falta de información documentada****.*

La ganaderia al ser un sector no desarrollado en nuestro pais, no se ha podido estructurar datos que informen sobre el estado de la evolución del sector. La información contenida en este trabajo, ha sido fruto de encuestas, entrevistas de profundidad, observaciones directas, vivencias de los comerciantes y compradores de productos congelados y  ganaderos de los poblados. No se ha podido obtener datos estadisticos verificables que muestren el funcionamiento de las granjas anteriores,  sino información empírica que habla sobre la ganaderia de subsistencia desarrollada por los campesinos en la decada de los 90, momentos en los que las empresas introducen en el país los productos congelados.

### *Falta de subvención para profundizar y completar el estudio*

No se otorga subvención para promover el espiritu investigador; por ende, no hay estudios que podrian corroborar la realidad del sector para periodos anteriores. EL INEGE, recientemente creado, sigue organizando estudios que puedan facilitar datos sobre la evolución económica nacional. De hecho, se registra la falta de información actualizada sobre algunos temas y sectores de nuestra economía (En el año 2001, la Presidencia de la República de Guinea Ecuatorial sanciona el **Decreto Ley Número 3/2001**, de fecha 17 de mayo, Reguladora de la Actividad Estadística en Guinea Ecuatorial, en la cual se crea también el Instituto Nacional de Estadística de Guinea Ecuatorial en anagrama INEGE)

### *Poca colaboración de  los encuestados y entrevistados*

Parte de los encuestados y entrevistados (sobre todo muejeres vendedoras y algunos y hombres expatriados), se ha negado a ofrecer información completa sobre sus negocios, por temor a que sus datos sean divulgados en diferentes medios.

### *Restricción de información por los servidores públicos (desconfianza)*

Estamos viviendo en una sociedad donde la información, aun la profesional, es restrigida por los poderes publicos.

Los servidores públicos restringen  la información solicitada, por miedo a represalias por parte de sus superiores. Es decir, la información, aunque técnica, esta politizada. El entorno gubernamental no propicia ambiente investigador. De hecho, las facultades de Ciencias medicas y agroindustria de la Universidad Nacional de Guinea Ecuatorial, al no contar con respaldo de las autoridades en el proceso de sus investigaciones, han ralentizado dichos estudios, limitandose a ofrecer ideas sin datos concretos.

***El tiempo insuficiente y dificultades en la movilidad***

El tiempo disponible para la colecta de datos, análisis y evaluación  de los mismos, asi como la  elaboración del Proyecto completo, no ha permitido extender el estudio. No obstante, tras la implementación del proyecto, se pretende extender este estudio hasta formular teorias que sirvan de marco para el desarrollo de la ganaderia en nuestro pais. De hecho, existe un plan de creación del Instituto Tecnologico Industrial, INTI y la creación de una Asociación denominada SOCIGE (Sociedad de Cientificos e Investigadores de Guinea Ecuatorial), una vez que se logre consolidar las finanzas de la granja. Las dos instituciones se encargarán de realizar estudios sociales a nivel nutricional y de producción tecnologica. El plan es formar a RRHH en el Instituto que trabajen en proyectos sociales de la SOCIGE.

## 2. REFERENTES CONCEPTUALES

### 2.1. Explicación teórica y justificación del modelo utilizado para el desarrollo del negocio. Modelo de "granja ecológica"

La alimentación saludable es un factor clave para la salud y el bienestar de las personas. Los huevos son una fuente importante de proteínas, vitaminas y minerales. Los huevos ecológicos son una opción saludable, ya que se producen con métodos que garantizan la calidad y la seguridad alimentaria. La cría de gallinas ecológicas es un negocio en auge en los últimos años, debido al creciente interés por la alimentación saludable. Los huevos ecológicos se producen a partir de gallinas que se crían al aire libre, con acceso a pastos y vegetación natural. Este sistema de cría garantiza que los huevos tengan un alto valor nutricional y estén libres de residuos químicos.

En este sentido, la empresa que se pretende crear a través de la elaboración y diseño del presente plan de negocios está basada en el sistema de producción ecológica de gallinas y huevos con el objetivo de abastecer los mercados de la municipalidad, integrando los diferentes planes estratégicos y operacionales (plan de operaciones, plan comercial, plan económico y financiero, plan de contingencias).Para ello, partimos de la definición de la planificación, como punto de referencia para alcanzar nuestros objetivos y metas propuestos.

Illera, (2005, p 97), afirma: En su aspecto material, la planificación consiste en la elaboración de un documento, llamado plan, en el que se expone lo que debe hacerse en adelante, cómo debe hacerse, y quién tiene la responsabilidad de hacerlo. Por lo que, es diseñar el futuro, haciendo que éste se desarrolle dentro de los límites del diseñador. El diseño de un plan es la arquitectura para la construcción de un proyecto empresarial.

Nuestro trabajo consiste en diseñar no solo un plan, sino un plan de negocio, entendiendo éste como un documento escrito de manera clara y precisa, en el que se describen las consideraciones relacionadas con la puesta en marcha del negocio (Weinberger, 2009, p. 35). Muestra desde los objetivos que se quieren lograr hasta las actividades requeridas para alcanzarlos. Este documento único es el resultado de un proceso de planeación. Reúne toda la información necesaria para evaluar un negocio y los lineamientos generales y específicos para ponerlo en marcha (Pons, 2005, p. 19).

Entonces, el plan de negocios se convierte en un documento imprescindible de consulta para potenciales inversionistas y para el propio emprendedor, dado que ayuda a organizar las ideas y detallar qué necesita para desarrollar e implementar la idea de negocio, así como a mejorar la empresa. Para completar la definición del plan den negocios, formulamos la siguiente pregunta: ¿Cuáles son los objetivos de un plan de negocios? Los objetivos son los siguientes (Rosas Rico, 2009, p. 3):

1. Identificar la naturaleza y el contexto de la oportunidad de negocios, es decir, ¿por qué existe una oportunidad así?

2. Presentar el método que el emprendedor piensa adoptar para aprovechar dicha oportunidad.

3. Reconocer los factores que determinarán si esta nueva iniciativa de negocios tendrá éxito.

El plan de negocios, como herramienta de comunicación escrita, ayuda organizar las ideas y detallar qué deseas hacer y qué se necesita para desarrollar e implementar la idea de negocio (Bermúdez, M., 2003, Cap. 2, p. 2).

El plan de negocios permite identificar a detalle el entorno en el cual se desarrollarán las actividades de la empresa, identificar las oportunidades y amenazas del entorno, así como las fortalezas y debilidades de la empresa. (Weinberger, 2009).

Además, la información que brinda el plan de negocios, contribuye a que el emprendedor pueda determinar cómo se organizarán los recursos de la empresa en función a los objetivos y la visión del emprendedor. Este documento facilita la búsqueda y consecución de los recursos del proyecto, especialmente los financieros (Bermúdeza, M, 2003)

El plan de negocios integra los diferentes planes estratégicos: plan de operaciones, plan comercial, plan económico y financiero y plan de contingencias. *(Manual del Emprendedorismo-Dirección Nacional de poyo al joven empresario-Presidencia de la nación- República de Argentina)*

Estos planes operacionales, son los que aplicaremos en nuestro proyecto de granja de producción ecológica, que se pretende implementar en la ciudad de Bata. Nuestro modelo es el sistema de producción de gallinas y huevos.

Además, el proyecto de inversión del modelo granja ecológica es un modelo o sistema que consiste en la producción de huevo y carne de gallina desde el punto de vista ecológico, respetando el medio ambiente, y utilizando técnicas artesanales, que benefician la rentabilidad del proyecto (Edgar Alfonso de la Peña, 2011)

También, como señala **Vargas, Á. (2005, p 43),** la granja ecológica es la que mejor se adapta a las condiciones de salud que necesita el organismo. El huevo ecológico contiene omega 3 que necesita el cuerpo para mantener la vitalidad de las células

En la misma línea dice **Perdomo Escobar, J. A. (2012, página 20):** la ganadería ecológica es más rentable en la actualidad, ya que precisa pequeñas inversiones

El informe final del **documento del Plan Nacional de Inversión a Medio Plazo y Desarrollo Rural (PNIMP NEPAD–CAADP TCP/EQG/2904 (I) (NEPAD Ref. 05/17 S),** recomienda al Gobierno de Guinea Ecuatorial establecer pautas de actuación para la producción animal en medio rural, utilizando procedimientos ecológicos controlados, donde existe bajo riesgo de contaminación del medio ambiente y de los propios animales. El documento (**(PNIMP NEPAD–CAADP TCP/EQG/2904 (I) (NEPAD Ref. 05/17 S, p 14**), habla de implementación de la estrategia de inversión en medio rural, donde una de las recomendaciones es *"Protección del medio ambiente y expansión de la agricultura sostenible"*, según ODM (Objetivo del Desarrollo del Milenio).

Con anterioridad de nuestro estudio, otros han realizado trabajos enfocados en el mismo ámbito, en otras latitudes, los cuales nos han servido de base para planificar nuestro trabajo de investigación:

Teniendo en cuenta el análisis anterior, con este proyecto, se pretende implementar una **GRANJA ECOLÓGICA,** que pasa a ser denominado **Empresa "Industria CORAL"; Corporación Alimentaria,** una empresa pecuaria ecológicamente rentable, cuya actividad es la **PRODUCCIÓN DE HUEVOS FERTILES Y GALLINA con alta calidad nutritiva.** La granja se ubica en Bata, donde se espera generar fuentes de trabajo en la comunidad.

La cadena de producción en este modelo se caracteriza por tener un ritmo constante para asegurar el abastecimiento en los mercados.

Como hemos señalado antes, detectamos el problema mediante la observación del mercado de carne en Bata. Solo se ofrece productos cárnicos importados; y en la ciudad no existen granjas, tanto industriales como ecológicas. Además, la aparición de varias patologías en la población y las constantes quejas que presentan los consumidores de productos congelados, en el sentido de que éstos presentan estado de putrefacción debido a la conservación prolongada de los mismos, así como la adulteración de las fechas de caducidad, realizada por los importadores en sus almacenes, las constantes penalizaciones que el Gobierno imputa a las empresas importadoras por constatar en sus almacenes la manipulación inadecuada de los alimentos, que viola las normas de la salud pública. Todos esos antecedentes nos impulsan a plantear este estudio para dar una alternativa de solución viable, que pueda permitir a la población disponer de alimentos saludables en los mercados de Bata.

# 3. METODOLOGÍA DE RECOLECCIÓN DE INFORMACIÓN QUE SOPORTA LA PROPUESTA

## 3.1. Diseño metodológico

La investigación es un proceso con pautas ordenadas y orientadas a lograr unos objetivos específicos y general propuestos.

Las pautas que componen el proceso de la investigación deben ser diseñadas y planificadas, para la consecución de los objetivos propuestos. De esta manera, se puede llegar a conclusiones conducentes a plantear soluciones al problema de la investigación. No se puede plantear soluciones a un problema sobre el que no se ha realizado ningún estudio para determinar sus causas y los factores asociados al mismo.

Castilla, M., et al. (2017, p 1) menciona algunas fases importantes de una investigación, entre las que se encuadra el diseño metodológico, al que refieren como "el cómo se lleva a cabo el proceso de la investigación". Y continúan los mismos autores: "es en ese diseño donde se describen las decisiones metodológicas tanto para la recolección de datos como para el análisis de los mismos."

El diseño metodológico es por tanto la hoja de ruta por la que se transita para conseguir toda la información necesaria para llegar a conclusiones que conduzcan a mejores soluciones para el problema planteado en la investigación.

Para Robles, F. (2014): El diseño metodológico de una investigación puede ser descrito como el plan general que dicta lo que se realizará para responder a la pregunta de la investigación. La clave para el diseño metodológico es encontrar la mejor solución para cada situación.

Nuestra investigación consiste en encontrar respuestas que propongan soluciones efectivas a la falta de producción de gallinas y huevos ecológicos en la ciudad de Bata. Está claro que la falta de una oferta a nivel nacional es ocasión propicia para los importadores de cárnicos; amén de que dichos cárnicos son de poca calidad nutritiva por la conservación prolongada a temperaturas modificadas. Para ello, conviene conocer la opinión de los consumidores y vendedores de esos productos afín de descubrir el impacto de dicha falta de producción en la salud y en la economía de las familias. Descubrir las consecuencias actuales que dicha situación ha provocado en la sociedad en general, es uno de los retos de este trabajo; y, por lo tanto, contribuye a la elección del mejor modelo y a la formulación del diseño e implementación de nuestro proyecto, evitando el fracaso experimentado en proyectos anteriores. Nuestra investigación nos acerca a visualizar los importantes daños que puede provocar el consumo prolongado de los cárnicos importados y el impacto de la falta de producción nacional en la población de Bata, así como otras contaminaciones sanitarias.

En el diseño del plan de negocios basado en la implementación de una empresa de producción ecológica de gallinas y huevos, concurren intereses para ciertos actores que podemos clasificar en **vendedores de productos cárnicos en los mercados de Bata**, **campesinos que se dedican a la cría domestica de aves**, técnicos de la Escuela de capacitación Agraria (ECA), directivos del Instituto de Promoción Agropecuaria (INPAGE), Técnicos del Instituto Nacional de Estadísticas de GE (INEGE), socios del proyecto. Son los grupos seleccionados para las encuestas y entrevistas.

### 3.2. Técnicas de recolección de información/datos

### 3.2.1. *Población*

En nuestra investigación, al carecer de estudios anteriores o datos procedentes de instituciones como INEGE que ofrezcan estudios de mercado que puedan revelar datos poblacionales válidos para nuestra investigación, hemos seguido el criterio de población infinita o desconocida para calcular el marco muestro.

Para ello, hemos tenido en cuenta los siguientes grupos de participantes en nuestra encuesta, como elementos que hemos seleccionado para el reconocimiento de nuestro marco muestral:

a) Compradores y vendedores de productos de gallinas (conocer sus opiniones acerca de las consecuencias del consumo de los congelados y los beneficios que pueda aportar el consumo de productos ecológicos de producción nacional)

b) Alumnos egresados de la ECA (solo para conocer sus opiniones acerca del funcionamiento del modelo de granja ecológica tecnificada)

c) Responsable de INPAGE (en tanto que institución responsable del sector agropecuario, conocer las causas de la extinción de proyectos ganaderos anteriores, el riesgo del consumo prolongado de congelados importados y los beneficios que pueden aportar los productos ecológicos nacionales)

d) Responsable de la empresa Martínez Hermanos (conocer su opinión acerca de los productos que importa su empresa)

e) Emprendedores rurales (conocer su opinión acerca de la implementación de granjas a nivel ecológico tecnificado y los riesgos de consumo de animales no controlados por los servicios de veterinaría)

Tal como lo hemos señalado antes, no hemos podido obtener datos fiables validos a cerca de la población total, objeto de nuestro estudio. Por ese motivo, y para no quedar rezagados en la implementación de nuestro plan de negocios, hemos establecido **el criterio de la determinación del marco muestral de población infinita o desconocida.**

### 3.2.2. Muestra

Partiendo del criterio seleccionado en el apartado anterior, hemos seleccionado unos datos para el cálculo de nuestra muestra, de manera que la investigación sea más realista y confiable. Para ello, nos hemos servido de los datos que nos han llevado a los resultados que se ilustran a continuación:

**Datos para el cálculo de la muestra (cuando la población es infinita o desconocida):**

Ya que, en nuestro entorno, no existen estudios de investigación de mercados planificados (investigación comercial) ni datos que revelen dichos estudios, hemos tomado como criterio el muestreo de población infinita (Zikmund, W & Babin, B (2009))

Por lo que tenemos los siguientes datos
Nivel de confianza = 95%, de donde, Z= 1.96 (se ha obtenido de la tabla de fractiles de la distribución normal)
Error máximo permitido o error muestral, e = 4%= 0,04 (conforme a nuestro juicio)
P= 0,5; q = 0,5 (llamados coeficientes de desvío)
Entonces, aplicando la siguiente fórmula, tenemos:

$$N_0 = \frac{Z^2 P.q}{e^2} = \frac{3,84.0,5.0,5}{0,04.0,04} = 600 \text{ personas a encuestar}$$

La muestra se ha tomado de acuerdo al número de mercados seleccionados (2), donde existen comerciantes y consumidores disponibles a responder nuestras preguntas (puntos de venta en los mercados, divididos en Abacerías de Malienses y de nativos). Esta muestra ha sido extrapolada de los datos que ofrecen los 5 mercados y alguna que otra información conseguida a base de entrevistas de las instituciones que hemos creído pertinentes acudir (ECA, INPAGE, MH)

La muestra de nuestra investigación es no probabilística, de tipo discrecional. Se trata de la elección de grupo de comerciantes y compradores de mercado Central y de km 5. Esta muestra está representada por 160 comerciantes de los dos mercados (80 por cada mercado que venden productos de gallina y huevos), 400 compradores (200 de cada mercado que consumen gallinas y huevos) y otros.

**Por lo tanto, la muestra ha sido de 600 personas dividida en 160 comerciantes de cárnicos, 400 compradores de los mismos** y 18 personas entre los egresados de ECA, un Responsable de INPAGE, un Responsable de MH y 20 emprendedores rurales, para recabar opiniones de todos (muestra representativa). Esas opiniones nos permiten evaluar las alternativas para tomar una decisión que dé solución al problema investigado.

Las respuestas obtenidas de los 400 consumidores encuestados permiten planificar los medios, de acuerdo a las recomendaciones de la población encuestada

Para la selección de esos 600 encuestados, se ha tenido en cuenta, la frecuencia de compras/semanas, la cantidad comprada/semana, el presupuesto mensual destinado al consumo de gallinas y huevos.

Para concretizar la investigación y recibir mejores orientaciones, se han realizado unas entrevistas de profundidad a los responsables de las instituciones como ECA e INPAGE.

Estas entrevistas han revelado que, en la ciudad de Bata, casi la mayor parte de la población consumen los productos cárnicos y pescado. Al entrevistar a las autoridades de ECA e INPAGE, se ha descubierto que, en la ciudad, tras el fracaso del Proyecto PESA, no se ha conseguido implementar granjas en la zona, lo que obliga al consumo de los congelados. Otros de los datos obtenidos en las entrevistas con el Director de INPAGE (Instituto de Promoción Agropecuaria) es que el motivo del fracaso de los proyectos pecuarios se debe al coste de insumos ya que se adquieren fuera del País. A pesar del esfuerzo desplegado por el Gobierno a través del Ministerio de Agricultura, Ganadería y Alimentación, no se ha logrado resultados eficientes en la producción animal; por lo que se requiere replantear el modelo a utilizar en la producción pecuaria.

Según las declaraciones del Director de la ECA (Escuela de Capacitación Agraria de Bata), *"la granja industrial es más costosa que el modelo ecológico, ya que precisa grandes inversiones para la adquisición de maquinaria industrial.* Por lo cual, se precisa proyectos con modelo ecológico tecnificado, de donde se requiere bajo coste de producción.

### 3.3. Plan de recolección y análisis de la información. Diseño de cuestionario de preguntas

#### 3.3.1. *Variables-estrategias metodológicas*

Una variable puede definirse como una característica o cualidad de la realidad que se puede medir, susceptible de tomar varios valores, o que se puede expresar en categorías o cualidades.

**Cauas, D. (2015, p. 3),** define la variable como: *Por lo general, el término variable se utiliza como sinónimo de "aspecto", "propiedad" o "dimensión", propiedad o característica de un objeto o fenómeno que presenta variaciones en sucesivas mediciones temporales. De otra forma, se trata de una característica observable o un aspecto discernible en un objeto de estudio que puede adoptar diferentes valores o expresarse en varias categorías.*

El problema de nuestra investigación es *"¿Qué se requiere para que la producción de gallinas y huevos ecológicos en la ciudad de Bata sea eficiente y duradera? ¿Por qué el modelo de producción industrial no ofrece rentabilidad para los inversores en los proyectos anteriores? ¿Cómo afecta a la salud de la población el consumo prolongado de congelados?*
Por lo tanto, las variables que definen el problema de nuestra investigación son:

**Variable X. Análisis**: la falta de producción de ecológica de gallinas y huevos. Las causas y el impacto socio-económico en las familias consumidoras (análisis de la situación que genera la falta de producción en el país), lo que engendra carencia (demanda insatisfecha) y la consecuente inclinación de la competencia en el lado de la importación de cárnicos congelados (Balanza comercial del país).

**Para la variable X**, hemos procurado conocer del por qué en el país no existen granjas, tanto ecológicas como industriales; así como el impacto de esta falta de producción en los mercados de Bata.

La población de Bata, demanda productos cárnicos de buena calidad nutritiva, alimentos libres de químicos y de patologías animales. La falta de producción trae como consecuencia el consumo de los congelados importados que, por su estado de conservación prolongada, generan enfermedades.

Otro aspecto importante es que las pequeñas producciones de las familias campesinas, no cubren la demanda de mercado agregada, por falta de una buena organización de los factores de producción a nivel rural. Por lo que es importante preparar planes que permitan la implementación de granjas en los círculos de la ciudad.

Para llegar a conclusiones convincentes, hemos realizado encuestas y entrevistas tanto a vendedores como a consumidores de derivados de gallinas, afín de recabar su opinión sobre el problema planteado en este estudio.

**Variable Y. Análisis**: El consumo generalizado de cárnicos congelados importados: Las consecuencias y su impacto en la salud de los consumidores, así como su influencia en los precios de mercado provocando el alza de precios (inflación)

Para esta variable, hemos profundizado nuestro estudio para descubrir el impacto del consumo prolongado de cárnicos congelados importados en la salud y en la economía de las familias consumidoras. Para ello, hemos descubierto que, a causa de la falta de producción nacional suficiente, la competencia recurre en la oferta de estos productos para satisfacer la demanda de mercado. Cabe señalar que los congelados, en muchas ocasiones, llegan en mal estado o perecen en los almacenes (venciendo la fecha de caducidad en los almacenes de los importadores). También hemos detectado que la competencia en este mercado está formada por pocos importadores (MH, DEGTC, SANTY), lo que ha favorecido la formación del monopolio en la importación de cárnicos congelados, facilitando el alza de precios de consumo en los mercados de Bata

Las entrevistas realizadas han puesto en evidencia sobre la necesidad de solucionar este problema. Nuestras hipótesis han culminado en los resultados obtenidos en las siguientes entrevistas:

Don José Obrero, emprendedor del sector en el distrito de AÑISOK, declara: *"noté mucha diferencia entre los hijos que tuve antes de implementar la granja avícola-animal y los que tuve después de la tenencia de la granja: El primer grupo era menos inteligente y aplicable en la escuela que el segundo grupo. Además, a nivel de la salud, el primer grupo era menos sano (se enfermaban con frecuencia) que el segundo grupo. Esa diferencia se debe porque en el tiempo del segundo grupo, tanto mi mujer como yo, comíamos productos cárnicos frescos: gallinas, huevos, patos, pavo".*

En resumen, al alimentarse de las gallinas y huevos ecológicos, el cuerpo consigue los componentes bioquímicos que necesita para mantener la vitalidad de las células (omega 3, proteínas, vitaminas, calcio, hierro que se encuentran en el huevo fértil y en la carne de gallina).

A través de la entrevista con los técnicos de la ECA y de INPAGE, se descubre que el huevo fértil es más nutritivo que el huevo congelado, ya que contiene más proteínas y omega 3. Además, la carne de gallina ecológica contiene todos los nutrientes que necesita el cuerpo humano, mientras que la conservación prolongada de la carne a baja temperatura, hace perder los nutrientes de la carne de gallina.

Las declaraciones del señor José Obrero (granjero) y de los técnicos de ECA e INPAGE, llevan a la formulación de la siguiente pregunta: ***¿Cuál es la mejor opción para que la población pueda disponer de alimento saludable que beneficie al cuerpo humano? Las respuestas son:***

***Encuesta realizada a los egresados de la ECA:***

* *100% de los egresados de la ECA (estudiantes recién salidos de la escuela) responden:**" la mejor opción es la organización de los factores para la producción ecológica a nivel nacional"***

***Encuesta realizada al Director Técnico de INPAGE:***

- *El Director Técnico de INPAGE afirma:" **la mejor opción es preparar proyectos basados en la producción ecológica, ya que los intentos por implementar proyectos de la ganadería industrial, han terminado en fracaso". Además, los productos ecológicos son más saludables que los producidos convencionalmente.***

***Entrevista realizada a compradores en el mercado de km 5:***

- *88% de los compradores en el mercado de km 5 responden: "**Queremos comer gallina y huevos frescos porque los congelados nos dan enfermedades"***

***Entrevista realizada a los compradores de Mercado Central:***

- *90% de los compradores del mercado Central responden: "es mejor que se implementen granjas a estilo rural y ecológico controlado con tecnificación veterinaria en el país porque los congelados, aparte de darnos enfermedades, no son de buena calidad y se venden a precios muy elevados, lo que provoca tengamos déficit en el presupuesto de la alimentación. Nuestro poder adquisitivo se ve afectado por los elevados precios de los congelados en este mercado".*

Para la correcta recolección de información en el campo, se ha encuestado a las siguientes partes:

- Encuesta en los mercados de km 5 y Central: los grupos han sido los vendedores y compradores de productos derivados de gallinas importadas y huevos. La duración ha sido de 14 días, 7 días por mercado
- Encuesta realizada a los estudiantes egresados de la Escuela de Capacitación Agraria de ALEP (1 día)
- Encuesta realizada al Director Técnico del Instituto de Promoción Agropecuaria (INPAGE), 2 horas
- Encuesta a Jose Obrero, granjero (1 hora)
- Encuesta a familia campesina (4 días)

Para la aplicación de estas técnicas, se ha empleado como instrumentos:

- Vehículo. Hemos utilizado un vehículo camioneta "pick up", para movernos de un

lugar a otro

- Tres cuadernos para tomar notas, bolígrafos, lápices, marcadores, impresos de preguntas

sencillas, etc.

- Un ordenador portátil para la recolecta de datos

Para el mejor desarrollo de los trabajos, han participado las siguientes personas:

- Gaspar Edu MBÓ (Técnico de INEGE)
- Restituto Nsa Mico (Encuestador)
- Bonifacio Ondo Nsue (Entrevistador)
- Mariano Ginés Nguema (Conductor)
- Patricia Nsue Nkono (tomadora de apuntes)
- Julián Abaga Ncogo (Coordinador de los trabajos)

Para la ejecución de la encuesta a los comerciantes y compradores de los mercados, hemos hecho un recorrido por km 5 y Central, para después, realizar entrevistas personales a los egresados de ECA y Director Técnico de INPAGE. La elección de los comerciantes se ha llevado a cabo en los dos mercados con mayor concurrencia de consumidores. Además, para elegir a quien entrevistar o a quien encuestar, se ha mirado el volumen de los productos que vende el comerciante de mercado y su disponibilidad para responder a nuestras preguntas. En cuanto a las entrevistas a los compradores, se ha hecho la selección por azar, sobre todo, de todos los entrevistados en ambos mercados, las mujeres han constituido el 47% y los hombres también 47% (ver tabla 3). En las zonas rurales, se ha elegido una familia cuidadora de animales a nivel doméstico

En las entrevistas, explicamos las razones y objetivos perseguidos. Comentamos su importancia y la necesidad de ofrecer información sincera y espontánea. Entregamos los cuestionarios a los comerciantes para que respondan según lo que se les pregunta. Anotamos las respuestas tal cual nos las dan. Las preguntas estaban escritas en español, al ser la lengua oficial del país. En el caso de las entrevistas personales, éstas se hacían tanto en español como en el dialecto FANG, para aquellos que no dominaban el español.

En las entrevistas con los comerciantes, además de las respuestas que nos han dado, hemos consultado también sus archivos de compras, ventas. Después de recorrer los mercados, hemos pasado a ECA e INPAGE para efectuar el mismo trabajo afín de cotejar los datos recogidos de cada. Una vez recogidas todas las opiniones de los entrevistados y las respuestas de los cuestionarios, hemos analizado sus respuestas, lo cual nos ha hecho llegar a la conclusión de tomar la decisión de diseñar un plan de negocios basado en la creación de una empresa basada en la producción ecológica de gallinas y huevos a nivel de la ciudad de Bata.

Para la obtención de las respuestas que insertamos más abajo y en el anexo (listado de las preguntas y respuestas de las encuestas y entrevistas realizadas), hemos realizado unas entrevistas en profundidad, consistente en un cuestionario al que los entrevistados han tenido que responder con su propio puño y letra. Las respuestas obtenidas en el cuestionario, han permitido hacer análisis y sacar conclusiones mediante gráficas que son interpretadas de forma que se puedan tomar decisiones. Para ello, hemos realizado la entrevista a los siguientes grupos de personas:

➢ A los vendedores de los mercados de Bata: 1. Mercado de km 5(80 comerciantes entrevistados). 2. mercado Central (80 comerciantes) 3. Compradores de mercado Central (200 compradores). 4. Compradores de mercado Km 5:(200 compradores). En total hemos entrevistado a 280 vendedores entre los dos mercados y 280 compradores de los dos mercados.
➢ 18 egresados de ECA y un técnico de INPAGE
➢ 20 miembros de emprendedores rurales y el Responsable Comercial de MH

Además, se ha observado que, en las ventas de los mercados, los productos de gallinas ocupan el primer nivel; es decir, existe elevada demanda de gallina, pollo y huevos.

También, el 100% de los egresados de la ECA, ha manifestado que tiene proyectos ganaderos en mente, que en el futuro podrían implementar en diferentes partes del país.

Por último, la mayoría de compradores encuestados recomiendan que, en la implementación de granja, sea tenida en cuenta la salubridad de los animales, para evitar el contagio de enfermedades (servicios veterinarios). Existe un miedo por parte de la población consumidora de gallina, ya que, conforme a la experiencia pasada, los niños padecían de enfermedades como la tenía y otras.

Durante los trabajos, las encuestas se han destinado:

a) Para los vendedores de km 5 y mercado central:
b) Para los compradores de productos de gallinas recurrentes en los mercados anteriores
c) Estudiantes Egresados de la ECA
d) Director Técnico del INPAGE
e) Familias campesinas de las áreas rurales de la ciudad
f) Empresa Importadora de productos cárnicos congelados (Solo Martínez Hermanos)

Tras finalizar las encuestas, se ha realizado el análisis de datos conforme a la información obtenida. Los resultados se han plasmado en la tabla siguiente:

**Tabla 3:**

Resultados provisionales de las encuestas aplicadas en los mercados km 5, Central y demás instituciones

| Grupos de entrevistados (según sea demandante u oferente de gallinas y/o huevos ) u otra institución | Intervalo de edad en años | Frecuencia ventas (Solo para vendedores) | Frecuencia Compra (Solo para compradores) | número total de encuestados | Porcentaje apoyo a la creación de granja en Bata | Porcentaje en contra de la creación de granja en Bata | Porcentaje indiferentes (No les interesa) |
|---|---|---|---|---|---|---|---|
| Mujeres comerciantes de gallinas y huevos | 30-55 | 6 días/semana | | 80 | 70% | 20% | 10% |
| Mujeres compradoras de gallinas y huevos | 20-45 | | 4 veces/semana | 200 | 90% | 10% | 0% |
| Hombres comerciantes de gallinas y huevos | 35-60 | 6 días/semana | | 80 | 80% | 10% | 10% |
| Hombres compradores de gallinas y huevos | 25-40 | | 2 veces/semana | 200 | 95% | 5% | 0% |
| Egresados de la ECA | 25-35 | 0 | 0 | 18 | 100% (18 egresados) | 0% | 0% |
| Responsable de INPAGE | 45 | 0 | 0 | 1 | 100% (Director Tecnico) | 0% | 0% |
| Responsable comercial de Martinez Hermanos (Empresa importadora de cárnicos) | 40 | 7dias/semana | 0 | 1 | 0% | 0% | La empresa se queda indiferente, no opina nada en concreto) |
| Familias campesinas | 30-50 | 0 | 0 | 20 | 100% | 0% | 0% |
| TOTALES: | | | | 600 | | | |

Fuente: Elaboración propia (mayo, 2023)

**Análisis, evaluación e interpretación:**

**Encuestados: 600 personas**

De acuerdo con los datos obtenidos en la tabla 3, estamos a medida de dar una primera aproximación sobre los resultados previos a la investigación que estamos realizando. Para ello, durante el desarrollo de la encuesta realizada a las diferentes unidades económicas, instituciones y familias campesinas se desprenden las conclusiones siguientes:

Grafico 1:

Encuesta realizada a las mujeres demandantes de derivados de gallinas congeladas en los mercados

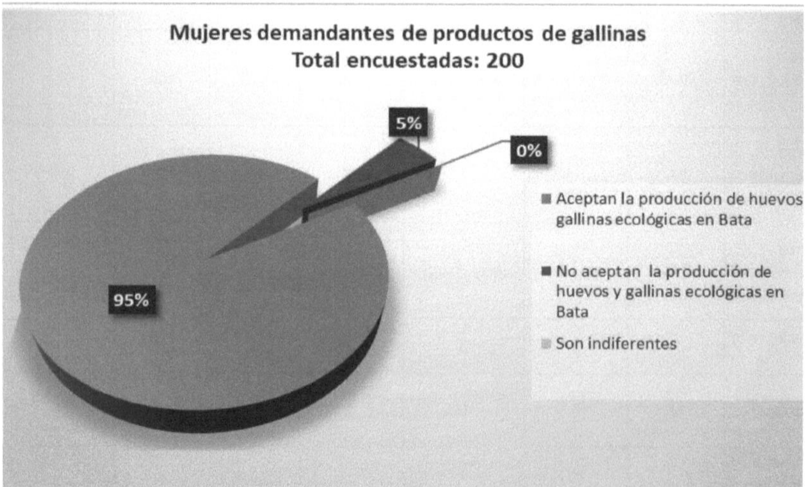


Fuente: Encuesta directa (mayo, 2023)

**Análisis:**

La encuesta realizada a las mujeres demandantes de productos de gallinas en ambos mercados revela que del total encuestadas (200), 180 mujeres aceptan que se implemente una granja de producción ecológica en las cercanías de la ciudad afín de incentivar la producción nacional. Además, recomiendan tener en cuenta la intervención de los servicios veterinarios para ofrecer al mercado animales sanos y libres de plagas. 20 mujeres se resisten a la producción animal en la ciudad por causa de las plagas que estos pueden contaminar a las personas y otras contaminaciones. Su consumo es peligroso para la salud

Grafico 2:

Encuesta realizada a las mujeres comerciantes de derivados de gallinas congeladas

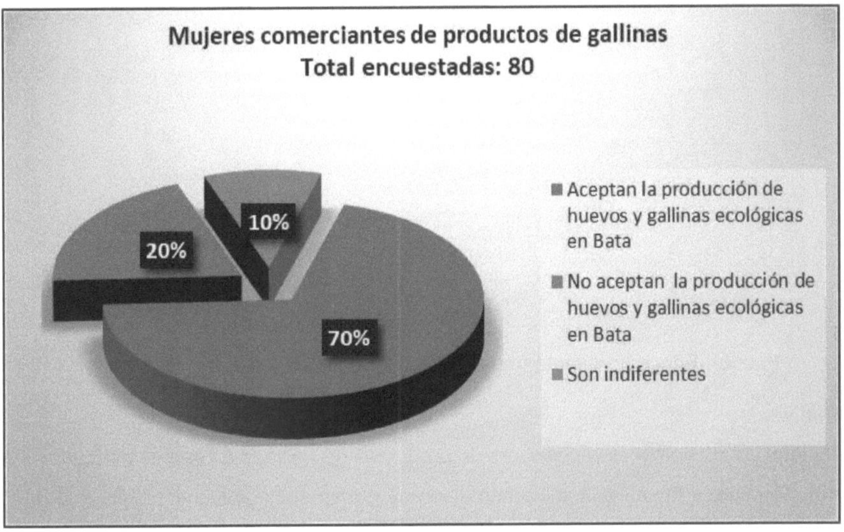


Fuente: encuesta directa (mayo, 2023)

**Análisis:**

Del total de las mujeres vendedoras encuestadas en ambos mercados (80), 56 están a favor de la producción nacional de huevos y gallinas; 16 mujeres se niegan a aceptar la producción nacional por causa de plagas y otras variables como precio y la ruptura de stock, que supondrán déficit en el consumo familiar. Solo 8 se ha quedado indiferente (no apoyan ni se resisten a la producción nacional)

Grafico 3:

Hombres comerciantes de derivados de gallinas congeladas

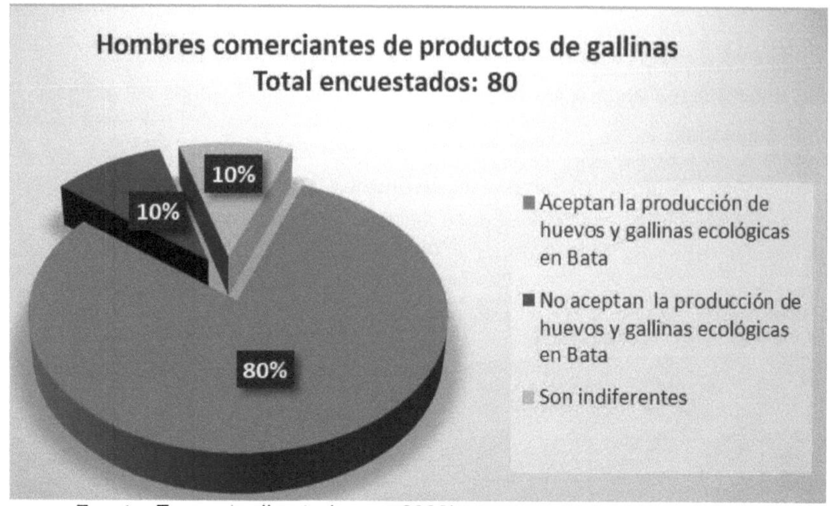



Fuente: Encuesta directa (mayo, 2023)

**Análisis:**

Del total de los hombres vendedores de productos de gallinas en ambos mercados (80), 64 están a favor de la implementación de granja ecológica; entre tanto que 8 se resisten a la producción nacional y otros 8 se quedan indiferentes.

Grafico 4:

Hombres demandantes de derivados de gallinas congeladas

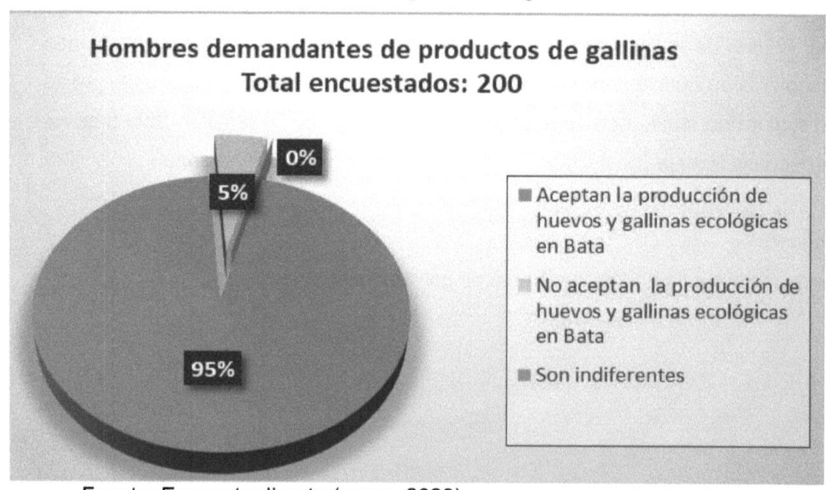



Fuente: Encuesta directa (mayo, 2023)

**Análisis:**

De total de los hombres demandantes de productos de gallinas (200), 190 aceptan la producción nacional de gallinas y huevos, y 10 se resisten ya que justifican que producción debe estar acompañada de la certificación por un organismo competente. Si no existe esta certificación, mejor no producir, para evitar patologías transmitidas por animales no certificados.

Grafico 5:

Encuesta realizada a los egresados de la Escuela de Capacitación Agraria

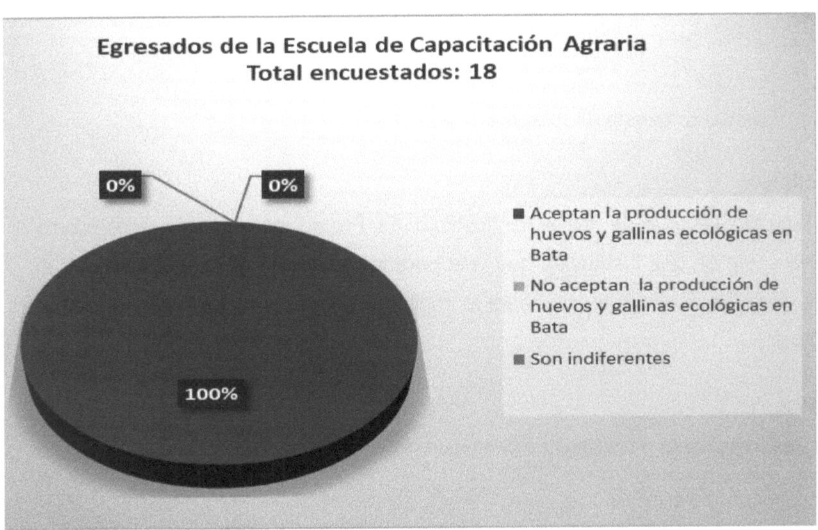


Fuente: Encuesta directa (mayo, 2023)

**Análisis:**

El total de los estudiantes egresados de la ECA encuestados (18), aceptan implementar proyectos para la producción ecológica no solo de gallinas y huevos sino de todos los animales que pueden servir de alimento para la buena nutrición humana.

Gráfico 6:

Encuesta realizada al Director Técnico de INPAGE

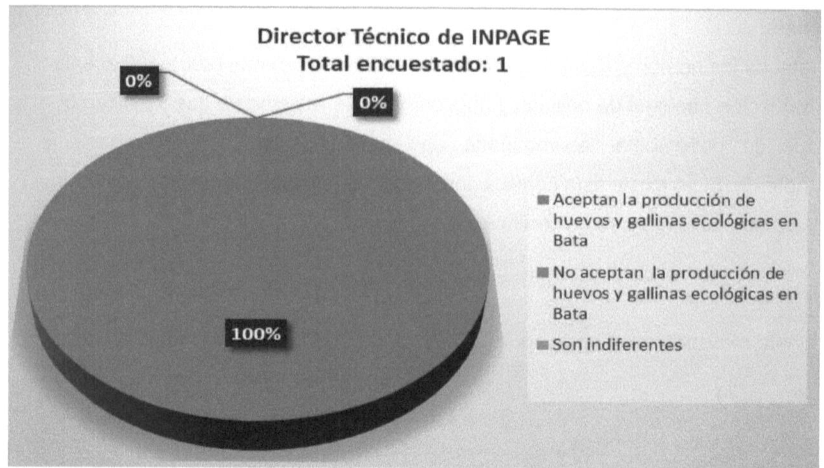


Fuente: Encuesta directa (mayo, 2023)

**Análisis:**

El Director Técnico de INPAGE (Instituto de Promoción Agropecuaria), como responsable de una institución que vela para la promoción de la ganadería en el país, promete el apoyo técnico para la implementación del modelo de producción ecológica.

Gráfico 7:

Encuesta realizada a las familias campesinas de los poblados cercanos a la ciudad

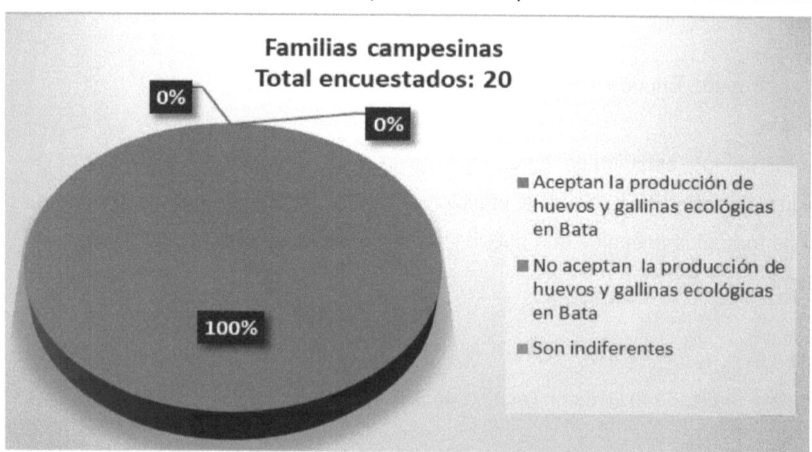


Fuente: Encuesta directa (mayo, 2023)

**Análisis:**

Las familias campesinas (emprendedores rurales) que se dedican al cuidado de gallinas a estilo tradicional no controlado, acepta la implementación de granja con la incorporación de técnicas que eviten la contaminación por plagas, evitando la aparición de patologías que dañen la salud humana. Proponen que haya financiero para los emprendedores en medio rural, afín de que puedan también desarrollar la actividad y ofrecer al mercado productos saludables.

Grafico 8:

Encuesta realizada al Director Comercial de Martínez Hermanos

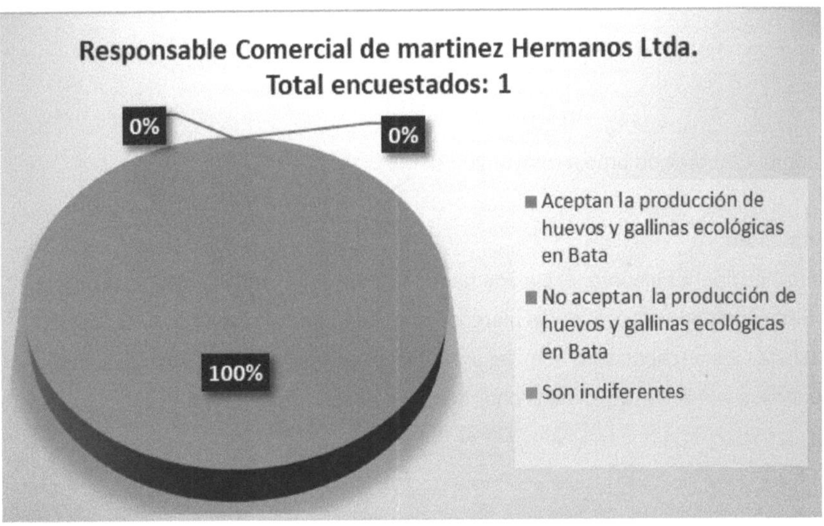


Fuente: Encuesta directa (mayo, 2023)

Análisis:

El responsable comercial se niega a dar pronunciamiento a cerca de la producción nacional de gallinas y nuevos ecológicos

A continuación, insertamos el gráfico que prevé el resumen de todas las encuestas realizadas a las diferentes unidades:

Grafico 9:

Resumen de resultados de la encuesta

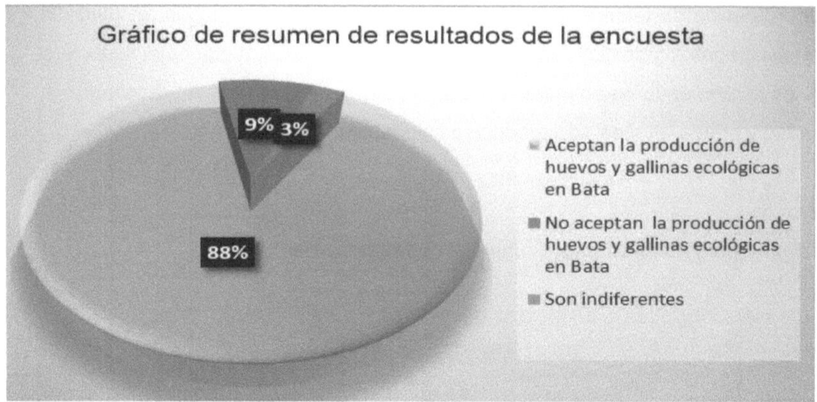


Fuente: Elaboración propia (mayo, 2023)

**Conclusión:**

la decisión final es elaborar el plan de negocios para la implementación de la granja en Bata, partiendo del estudio de mercado que determine el cálculo de la capacidad instalada. Esta capacidad nos lleva a hacer las previsiones para el estudio económico y financiero y dimensionar el tamaño inicial de la granja.

# 4. ESTUDIO DE MERCADO

## 4.1. Diagnóstico situacional de la evolución del sector ganadero en Bata (1997-2020).

### 4.1.1. Primera Conferencia Económica (septiembre, 1997). Antecedentes, Objetivos, estrategias y acciones

En 1985, el Gobierno de Guinea Ecuatorial, tras implementar el sistema económico de libre mercado y adoptar el **F.CFA** como moneda de curso legal, inició programas de ajuste estructural con el apoyo de FMI y el BM para la gestión económica del País. La primera acción para la materialización de este ajuste estructural es la organización de la Primera Conferencia Económica, que tuvo lugar en septiembre de 1997. En lo que concierne al sector ganadero, se detecta que dicha conferencia dio poca importancia al sector, dando mayor énfasis a la agricultura (cultivo de cacao, café, yuca, etc.), ya que el 80% de la población en esa época se dedicaba a la actividad agrícola. En el documento final adoptado en la Conferencia, no se hace mención de los planes ni objetivos del Gobierno con respecto al sector ganadero.

La ganadería en el país ha sido practicada entre la etnia FANG (mayoritaria en el país, 72%, según INEGE), siendo una ganadería tradicional para la subsistencia, cuyos animales eran las aves de corral, cabras, cerdos, etc. Por los riesgos que reporta el consumo de esos animales (aparición de enfermedades procedentes de cerdos, patos, gallinas), en el medio rural se fue abandonando la actividad para consumir productos cárnicos convencionales. En nuestra hipótesis, uno de los errores fue el abandono total de la producción animal en medio rural: Si en 1997, ya se había conseguido la producción animal en medio rural como potencial para una ganadería tecnificada donde se puede controlar las plagas y los riesgos de contaminación por enfermedades, entonces la estrategia del Gobierno debía ser, diseñar un plan de   conversión de los métodos caseros a métodos de cuidado ecológico tecnificado, lo cual ayuda a potenciar la producción nacional de carne.

### 4.1.2. Segunda Conferencia Económica (mayo, 2007). Objetivos, estrategias y acciones

La segunda conferencia Económica se celebró en 2007, la cual se denominó "Guinea Ecuatorial 2020; Agenda para la Diversificación de las Fuentes de Crecimiento. En el Acta final de la Conferencia se habla del diseño de ejes estratégicos y objetivos para construir una Economía Diversificada basada en el sector privado.

Después de esa conferencia, se promulgó el Decreto-Ley número 2/2008, de fecha 14 de febrero, que adopta el PNDES. Para coordinar los planes y programas de desarrollo y asegurarse de la gestión operacional del PNDES, se creó en el año 2008, mediante Decreto número 61/2008 de fecha 20 de noviembre, la Agencia Nacional Guinea Ecuatorial 2020 (ANGE 2020), que depende orgánicamente de la Presidencia de la República y funcionalmente del Ministerio de Economía, Planificación e Inversiones Públicas. En lo que concierne al sector ganadero, en la Segunda Conferencia Económica, se propuso como indicador del objetivo estratégico número 3 (Tomo II visión y ejes estratégicos 2020, p. 61):

***Basar la diversificación de la producción en el desarrollo de las producciones de ganado a ciclo corto (producción avícola de pollos de carne y huevos y ganadería porcina).***

Nuestro análisis con respecto a esta conferencia es el siguiente: Tras la segunda conferencia, el Gobierno ha implementado acciones para diversificar el sector, tal es el caso del proyecto PESA; en cambio, estas acciones no tuvieron éxito. La producción a ciclo corto requiere la implementación del modelo industrial, el cual demanda costes de implementación y mantenimiento elevados, amén de la formación de RRHH para una mano de obra tecnificada (las medidas sanitarias y de manejo de animales no son tarea fácil).

Para ello, los intentos por implementar granjas industriales en Bata (GRANJA INDUSTRIAL AFROM GUINEA, GRANJA INDUSTRIAL DE BICOM) no tuvieron éxito, de hecho, todos los programas establecidos para implementar la ganadería en la ciudad de Bata, han fracasado.

Analizando los objetivos de las dos primeras conferencias económicas, se observa la ausencia de acciones que encaminen a la consecución de las producciones ganaderas en medio rural. Como alternativa de solución, el apoyo a los ganaderos rurales, cuyos productos se destinaban para la subsistencia, tenía que ser el vector y punto de partida para lograr la producción ganadera tecnificada, con la utilización del modelo ecológico, incorporación de programas de apoyo técnico y financiero, como único sistema rentable en medio rural.

### *4.1.3. Tercera Conferencia Económica (mayo, 2019). Objetivos, estrategias y acciones*

Con el alto patrocinio del Presidente de la República, Guinea Ecuatorial celebraba del 22 de abril al 4 de mayo, en la localidad de **Sipopo**, la Tercera Conferencia Económica Nacional (CEN), con el objetivo de reorientar social y económicamente el Plan de Desarrollo Nacional Horizonte 2020. Con el lema: *"Consolidando la Equidad Social y la Diversificación Económica",* Se fijó como **Objetivo general:** *Establecer las bases para la reorientación del Plan Nacional de Desarrollo Económico y Social. Horizonte 2020.* En esta III Conferencia, se marcó como eje estratégico la productividad y la industrialización. Asimismo, se trazaron los lineamientos Generales del nuevo **Plan de Desarrollo Económico y Social de Guinea en el periodo 2020-2035 (III CE, p.15).**

La III Conferencia económica también siguió la misma línea que las dos anteriores: marcar objetivos sin diseñar acciones para la concreción de dichos objetivos. A través de la encuesta dirigida a las Autoridades del Ministerio de Planificación y Diversificación Económica, se ha descubierto que el PLAN NACIONAL para la DIVERSIFICACION ECONOMICA GUINEA ECUATORIAL HORIZONTE 2035, ha sufrido retraso en su materialización, a causa del COVID 19 y la recesión económica que azota al país desde 2012. En esos momentos, el ministerio ha fijado el denominado **PLAN "100 DIAS"** que tiene cuatro pilares que permiten dar mayor dinamismo y eficiencia al plan general trazado por el Gobierno:

1. *Pilar administrativo (formación del capital humano para el manejo de las herramientas administrativas, conforme a las recomendaciones de la III Conferencia)*

*2. Planificación económica*

*3. Diversificación económica*

*4. Agenda 2035*

En conclusión, a pesar de la organización de las III Conferencias Económicas celebradas en el País, seguimos constatando la necesidad de implementar proyectos que encaminen a la producción animal en la ciudad. Con la estrategia de producción nacional, se disminuye la importación de los congelados, erradicando el consumo de los mismos. Es en esta línea que el plan de negocios se enfoca, partiendo de las bases que ha puesto el gobierno.

*La Producción de aves y huevos en Bata, es la mejor alternativa para mejorar el sistema de alimentación en los habitantes de la ciudad.*

### 4.2. Análisis de la oferta y demanda de carne de gallinas y huevos en el mercado de Bata

El estudio de mercado identifica el sector de actuación de la empresa a corto, mediano y largo plazo, los productos en el mercado, los precios, la demanda de los consumidores y la oferta de los proveedores (éstos representan la competencia del mercado.), los cuales están dispuestos a comprar y ofertar los mismos productos atendiendo al comportamiento del mercado. Además, se consideran algunas variables que condicionan el comportamiento de los distintos agentes económicos cuya actuación afectará al desempeño financiero de nuestra empresa.

**Sánchez (2005),** *define el mercado como "el lugar en que asisten las fuerzas de la oferta y la demanda para realizar las transacciones de bienes y servicios a un determinado precio".* De igual manera comprende todas las personas, hogares, organizaciones sociales e instituciones que tienen necesidad de ser satisfechas con los productos de los oferentes.

Nuestro mercado objetivo lo constituyen los residentes que son consumidores de derivados de gallinas y huevos, es decir, los que ahora consumen los productos cárnicos importados de la competencia y que en el futuro desean abandonar el consumo de los congelados para mejorar su dieta diaria. En el mercado actual, la población se encuentra con una sola oferta: productos cárnicos congelados importados.

El mercado de bienes de consumo en nuestros País (productos alimenticios), sigue reclamando la producción nacional para reducir los costes de adquisición. La mayor parte de la población es consumidora de estos productos a (casi todos los consumen), ya que no existen otras posibles alternativas en el país. Solo la minoría (los pudientes económicamente) adquiere los productos pesqueros de alto valor nutritivo procedentes del mar (pescado de playa o pescado fresco y pescado ahumado).

El análisis de Mercado nos ayuda a elaborar nuestro **"Plan Estratégico",** el cual sirve de base para la instalación de la granja ecológica en la ciudad de Bata, capital económica del País.
El fin último de un proyecto como éste, es la oferta de un producto o servicio en el mercado. A través de la comercialización, la empresa dispone los productos a los consumidores para que éstos los adquieran en óptimas condiciones, creando utilidad (de lugar, de tiempo, de propiedad, etc.).

**Illera (2005)**, dice que la comercialización es un conjunto de operaciones que tienen por objetivo lograr la venta de productos que satisfagan las necesidades de los consumidores y clientes y generen beneficios para la empresa.

Para ello, en este proceso se utilizarán las siguientes herramientas:

- Características del producto (política de producto)
- Fijación de precios de los productos (política de precios)
- Distribución de los productos para que estén al alcance de los compradores (distribución comercial)

- Promoción de ventas, comunicación a través de estrategias de marketing para que el producto sea conocido en el mercado: publicidad

La demanda de carne de gallina y huevos en los cinco mercados de Bata, está en constante crecimiento, debido a la mayor concentración de la población en la ciudad (éxodo rural) y la llegada de los extranjeros al país. Siendo Bata la capital económica y la ciudad más importante del País, acoge el 45% de la población extranjera. La evolución de la demanda de gallina y huevos en el mercado de km 5 en el primer cuatrimestre de 2023, se refleja en las siguientes tablas (según nuestra investigación realizada en los registros de las vendedoras de los mercados Central y km 5):

**Tabla 4:**

Evolución de la demanda de gallinas en el mercado Km 5. Periodo: enero-abril 2023.

Vendedora: Maria Teresa Mangué MBA (7 años en el negocio)

| Tipo producto | Mes de enero Deman da en kg | Mes de febrero Deman da en kg | Mes de marzo Deman da en kg | Mes de abril Deman da en kg | Deman da Total kg | Precio venta/k g | Importe en XAF |
|---|---|---|---|---|---|---|---|
| Gallina entera Calidad media | 90 | 60 | 100 | 150 | 400 | 2000 | 800.000 |
| Gallina entera Calidad baja | 32 | 30 | 27 | 50 | 139 | 1700 | 236.300 |
| Muslos de gallina | 70 | 75 | 60 | 160 | 365 | 1800 | 657.000 |

| | | | | | | |
|---|---|---|---|---|---|---|
| Alas de gallina | 100 | 120 | 125 | 200 | 545 | 2000 | 1.090.000 |
| Pollo entero | 70 | 80 | 85 | 100 | 335 | 2000 | 670.000 |
| Alas de pollo | 60 | 50 | 100 | 150 | 360 | 1800 | 648.000 |
| Muslos de pollo | 50 | 60 | 76 | 85 | 271 | 2000 | 542.000 |
| Patas de pollo | 40 | 56 | 60 | 90 | 246 | 1500 | 369.000 |
| TOTALES | 512 | 531 | 633 | 985 | 2661 | | **5.012.300** |

Fuente: registro de ventas de Maria Teresa Mangué (mayo, 2023)

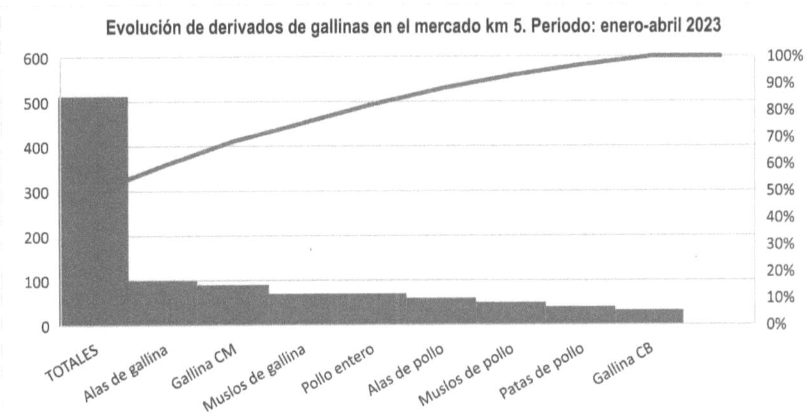


**Tabla 5:**

Evolución de la demanda de huevos en el mercado Km 5. Periodo: enero-abril 2023.

Vendedores: HIBRAHIM KEYTA, Alfonso, TOURÉ, Maria Gloria NCHAMA, Elena Andeme MBA (Experiencia en el negocio: 7 años)

| Tipo producto | Mes de enero Bandeja 30 huevos | Mes de febrero Bandeja 30 huevos | Mes de marzo Bandeja 30 huevos | Mes de abril Bandeja 30 huevos | Demanda Bandeja 30 huevos | Precio venta/bandeja | Importe en XAF |
|---|---|---|---|---|---|---|---|
| Hibrahim (Maliense) | 33 | 35 | 42 | 50 | 160 | 3000 | 480.000 |
| Alfonso | 28 | 45 | 52 | 60 | 185 | 3000 | 555.000 |
| Maria Teresa | 36 | 44 | 49 | 55 | 184 | 3000 | 552.000 |
| Touré (Maliense) | 22 | 40 | 42 | 45 | 149 | 3000 | 447.000 |
| Elena Andeme | 25 | 33 | 45 | 65 | 168 | 3000 | 504.000 |
| TOTALES | 144 | 197 | 230 | 275 | 846 | | 2.538.000 |

Fuente:  registros de los vendedores (mayo, 2023)

## Representación gráfica de la tabla 5:

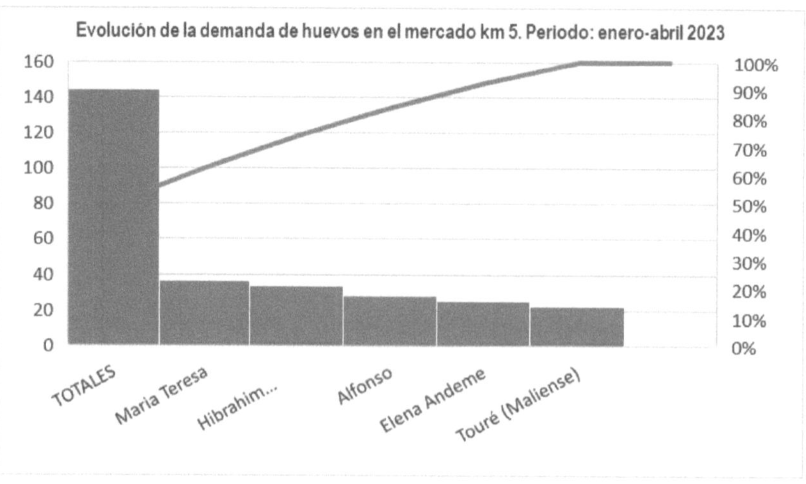

**Tabla 6:**

Evolución de la demanda de gallinas en el mercado Central. Periodo: enero-abril 2023.

Vendedor: KOULIBALY (12 años en el negocio)

| Tipo producto | Mes de enero Demanda en kg | Mes de febrero Demanda en kg | Mes de marzo Demanda en kg | Mes de abril Demanda en kg | Demanda Total kg | Precio venta/ kg | Importe en XAF |
|---|---|---|---|---|---|---|---|
| Gallina entera Calidad media | 100 | 120 | 110 | 200 | 530 | 2000 | 1.060.000 |
| Gallina entera Calidad baja | 60 | 60 | 65 | 70 | 255 | 1700 | 433.500 |
| Muslos de gallina | 80 | 82 | 99 | 160 | 421 | 1800 | 757.800 |
| Alas de gallina | 150 | 165 | 170 | 250 | 735 | 2000 | 1.470.000 |
| Pollo entero | 50 | 95 | 70 | 220 | 435 | 2000 | 870.000 |
| Alas de pollo | 75 | 96 | 100 | 190 | 461 | 1800 | 829.800 |
| Muslos de pollo | 40 | 80 | 90 | 165 | 375 | 2000 | 750.000 |
| Patas de pollo | 55 | 66 | 50 | 52 | 223 | 1500 | 334.500 |
| TOTALES | 610 | 764 | 754 | 1307 | 3435 | | **6.505.600** |

Fuente: registro de ventas de KOULIBALY (mayo, 2023)

**Representación gráfica de la tabla 6:**

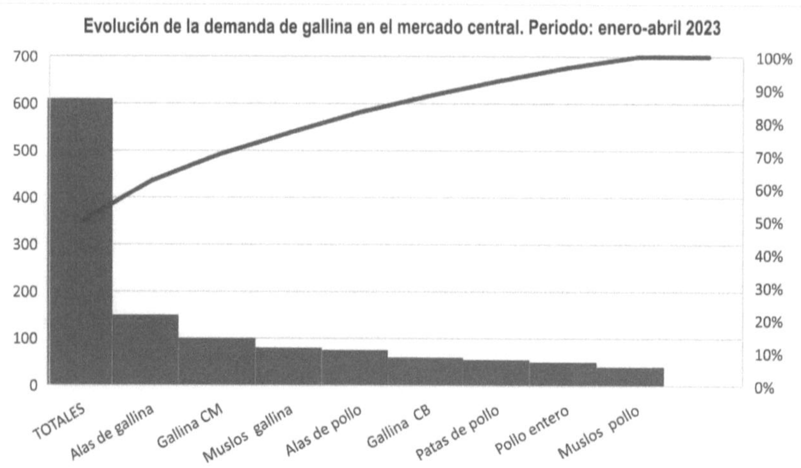



**Tabla 7:**

Evolución de la demanda de huevos en el mercado Central

Periodo: enero-abril 2023.

Vendedores: SUNIL, Don Barato, Antonio, MIRONICA, (Experiencia en el negocio: 10 años)

| Tipo producto | Mes de enero Bandeja 30 huevos | Mes de febrero Bandeja 30 huevos | Mes de marzo Bandeja 30 huevos | Mes de abril Bandeja 30 huevos | Demanda Bandeja 30 huevos | Precio venta/bandeja | Importe en XAF |
|---|---|---|---|---|---|---|---|
| SUNIL | 60 | 65 | 42 | 50 | 217 | 3000 | 651.000 |
| Don Barato | 80 | 90 | 100 | 350 | 620 | 3000 | 1.860.000 |
| Antonio | 70 | 75 | 96 | 120 | 361 | 3000 | 1.083.000 |
| MIRONICA | 120 | 180 | 200 | 300 | 800 | 3000 | 2.400.000 |
| TOTALES | 330 | 410 | 438 | 820 | 1998 | | **5.994.000** |

Fuente:  registros de los vendedores (mayo, 2023)

**Representación gráfica de la tabla 7:**

En nuestro análisis, se contempla que la demanda en el mercado central (mercado más grande de la ciudad) es más alta que la de mercado km 5; eso se debe a la afluencia de los clientes en ese mercado.

Por otra parte, la demanda en ambos mercados tiene un comportamiento creciente. La causa es que, en los primeros meses del año, la población consume menos, teniendo en cuenta los gastos realizados al final del año (celebración de fiestas de fin de año, viajes de turismo). Además, en el mes de abril, la demanda se eleva por causa de las fiestas de pascua y vacaciones del segundo trimestre

### 4.3. Estimación de la demanda

Partimos de la definición de la demanda, que se entiende como el gasto   que efectúan los ciudadanos en la adquisición de bienes y servicios durante un determinado periodo de tiempo para la satisfacción de sus necesidades de consumo **(Illera, 2005, p. 307)**

La estimación de la demanda en el mercado se realiza mediante la utilización de técnicas, como la previsión subjetiva de las opiniones de los vendedores y compradores del producto, aprovechando los datos históricos de sus ventas, **(Moreno, 2004, p.107),**

Al no disponer de informes oficiales o registros de Instituciones como INEGE, INPAGE sobre el comportamiento de la demanda y oferta de gallinas y huevos en los mercados de Bata, hemos partido de un **estudio PILOTO** realizado en el periodo enero-abril 2023. Para estimar la demanda de gallinas y huevos en los mercados Central y km 5 de Bata, hemos recurrido a los registros de los vendedores seleccionados en ambos mercados para el cálculo de la demanda de cárnicos y hacer una previsión sobre la capacidad de producción, que también dependerá de la cantidad de producción requeridos (Empleados, materia prima, otros suministros, tecnologia y capital)

Para ello, conforme a los datos obtenidos en las tablas 4-7 (evolución de la demanda de gallinas y huevos en los mercados km 5 y Central durante el periodo enero-abril 2023), hemos llegado a las siguientes cifras:

**Demanda cuatrimestral (enero-abril 2023) y anual de gallinas y huevos en los mercados central y km 5:**

Como lo hemos explicado antes, al carecer de estudios previos y de datos emitidos por instituciones especializadas en estudios de mercado en nuestro país, hemos hecho un estudio denominado **"ESTUDIO PILOTO"**, realizado en el primer cuatrimestre, de donde, para acercarse a la realidad del funcionamiento de mercado de productos de gallinas, hemos elegido un grupo de comerciantes de huevos y derivados de gallinas en los mercados de km 5 y central **(ver tablas 4-7)** para sacar muestras que contribuyan en la estimación de la demanda de productos de gallinas y huevos en ambos mercados. De esta manera estimar la capacidad instalada de la granja (stock inicial de pollitos).

El proceso de la estimación de la demanda ha partido del pronóstico de la demanda de derivados de gallinas y huevos congelados importaos, al no existir historial que ofrezca datos sobre la producción ganadera de las pequeñas explotaciones de familias campesinas. Lo único que se sabe de este sector de producción es que las ventas suelen verse incrementadas en momentos festivos (celebración de fin de año, pascua, fiestas patronales, organización de eventos tradicionales) Por ese motivo, el estudio se ha basado en los registros del historial de ventas de algunos comerciantes de productos congelados importados, analizando el comportamiento de las mismas en periodos de alta y baja demanda. Esta estimación ha servido de referencia para realizar proyecciones del stock inicial de gallinas en el primer año (considerando tambien la disponibilidad del capital a invertir en el negocio), lo que permitiría determinar el volumen de producción de gallinas y huevos a partir del segundo año de funcionamiento, ya que el primer año es de crianza de pollitos donde la producción empieza a un ritmo acelerado a partir de segundo año. Las cifras obtenidas en la estimación nos permiten planificar y determinar el presupuesto de ventas (ingresos brutos) y de costes de funcionamiento (tanto fijos como variables).

**Para ello, el análisis de las tablas 4-7, arroja las siguientes conclusiones:**

| Resumen de la demanda de gallinas y sus derivados | Demanda cuatrimestral | | | Demanda anual | | |
|---|---|---|---|---|---|---|
| | numero kg | precio medio/kg | importe cuatrimestral | numero kg | precio medio/kg | importe anual en XAF |
| Derivados de gallinas (según tablas 4-7 | 6.096 | 1.850 | 11.277.600 | 18.288 | 1.850 | 33.832.800 |
| **Resumen de la demanda de huevos** | Demanda cuatrimestral | | | Demanda anual | | |
| | numero de bandejas | precio/bandeja | importe cuatrimestral | numero de bandejas | precio/bandeja | importe anual en XAF |
| Huevos comerciales | 2.844 | 3.000 | 8.532.000 | 8.532 | 3.000 | 25.596.000 |
| El estudio se ha realizado en base a las factorias y abacerias seleccionadas en los mercados km 5 y central. Se ha identificado un total de 40 puntos de ventas, en los cuales se ha enfocado el estudio. Las tablas 4-7 son representativas de este estudio. El objetivo era extraer datos con los cuales se pueda estimar la demanda de productos derivados de gallinas y huevos. | TOTAL demanda productos derivados de gallinas y huevos/cuatrimestre | | 19.809.600 XAF | TOTAL demanda productos derivados de gallinas y huevos/año | | 59.428.800 XAF |

El estudio ha tenido como objetivo, descubrir el comportamiento de la demanda de gallina y huevos en los mercados de Bata. ¿Es decir, por qué las familias compran la gallina y huevos, y con qué frecuencia? ¿Por renta o por gustos y preferencias? Algunos compradores realizan actos de compra en los mercados de Bata por gustos y otros por disponibilidad de la renta o por la combinación de esas dos variables. Para ello, teniendo en cuenta los resultados en la encuesta, la cadena de producción tendrá un inventario inicial de aves, que partirá con un stock de conforme se ilustra en la tabla de cálculo de proyección de la producción, afín de atender a la demanda de mercado, sustituyendo las importaciones de productos de gallinas por la producción nacional. La cadena de producción tendría un ritmo constante para asegurar el abastecimiento en los mercados.

Para ello, se partirá con un stock de **1029 aves: 980 hembras y 49 machos**, conforme al espacio físico disponible (5.000 m$^2$). En el quinto año, conforme al plan de producción que se refleja en la Tabla 9, habremos enviado al mercado 18.080 gallinas y 774.180 huevos, conservando un stock de producción total de 2.530 gallinas huevos, conforme se ilustra en las siguientes tablas:

**Tabla 8:**
Pronóstico de la demanda proyectada para 5 años:

| Período | Gallina (Kilogramos) | Huevos Anual (unidades) | Crecimiento |
|---|---|---|---|
| 2024 | | 123.480 | 0 |
| 2025 | 7.840,00 | 317.520,00 | 257% |
| 2026 | | 391.680,00 | 23% |
| 2027 | 10.240,00 | 544.680,00 | 39% |
| 2028 | | 774.180,00 | 42% |

Fuente: elaboración propia

**Tabla 9:**

Cálculo de la proyección de la potencia instalada (plan o capacidad de producción 1-5 años)

| Años | # de Gallinas Anual | Diarios Huevos | Mensual | Anual |
|---|---|---|---|---|
| Primera producción 6 Meses | 980 | 686 | 20580 | 123,480.00 |
| 2do Año | 980 | 882 | 26460 | 317,520.00 |
| 3er Año | 1280 | 1088 | 32640 | 391,680.00 |
| 4to Año | 1780 | 1513 | 45390 | 544,680.00 |
| 5to Año | 2530 | 2150.5 | 64515 | 774,180.00 |
| Descarte de Gallina ponedora | | | | |
| Gallinas 2do año | 980 | | | 7840 |
| Gallinas 4to año | 1280 | | | 10240 |

Fuente: elaboración propia

### 4.3.1. Encuestas

Para la correcta recolección de datos en el campo, hemos utilizado el método de la encuesta que consiste en el diseño de un cuestionario de preguntas secuenciadas que está dirigido a conocer la aceptación que podría tener la oferta de gallinas y huevos de producción ecológica en los mercados de Bata.

El propósito de la investigación radica en el análisis de las respuestas que permita conocer la opinión de los consumidores actuales y potenciales de los productos de gallinas sobre la implementación de una granja en Bata para poder determinar el porcentaje de clientes que estaría de acuerdo con la idea de negocio y los precios a que estarían dispuestos a adquirir dichos productos. Todo ello, con el objetivo de obtener información que permitirá realizar un replanteamiento en el diseño del plan de negocios con base al modelo de producción ecológica. La encuesta se realiza en los mercados de km 5 y Central de Bata. Se dispone de recursos humanos y tiempo necesario para el levantamiento de la información.

Al no disponer de información o datos para sacar el marco muestreo real, se ha seguido el siguiente criterio:

**Plan de Encuestas:**

Mercados SUNIL y Km 5 (preguntas para vendedores y consumidores de productos cárnicos congelados importados). Encuestados: 560 personas. Total preguntas: 20

1 Director Técnico del Instituto de Promoción Agropecuaria, INPAGE (10 preguntas)

18 Estudiantes Egresados de la escuela de Capacitación Agraria, ECA (13 preguntas)

Dos familias campesinas de 20 miembros dedicadas al cuidado de gallinas en medio rural (15 preguntas)

Responsable Comercial de la empresa Martínez Hermanos, importadora de productos de gallinas y huevos Martínez Hermanos (7 preguntas)

**Número total de los encuestados: 600 personas**

A continuación, insertamos el cuestionario de preguntas realizadas a cada grupo. Dicho cuestionario consiste en un conjunto de preguntas respecto de una o más variables a medir. Debe ser congruente con el planteamiento del problema e hipótesis. (Hernández, Fernández, & Baptista, 2010, p.217.)

ENCUESTA REALIZADA EN LOS MERCADOS CENTRAL Y KM 5, CON EL OBJETIVO DE RECABAR INFORMACIÓN SOBRE LA OPINIÓN DE COMPRADORES DE PRODUCTOS CÁRNICOS CONGELADOS CON RESPECTO A LA IMPLEMENTACIÓN DE UNA GRANJA DE PRODUCCIÓN DE GALLINAS Y HUEVOS ECOLÓGICOS EN LA CIUDAD DE BATA.

**Encuestados: 400 compradores (Entre hombres y mujeres)**

**Lugares encuestados: Mercados pilotos (Central y km 5). Ciudad: Bata**

**Duración: una semana por mercado**

**Responsables de la encuesta:**

- Restituto Nsa Mico (Encuestador)
- Bonifacio Ondo Nsue (Entrevistador)
- Mariano Ginés Nguema (Conductor)
- Patricia Nsue Nkono (tomadora de apuntes)
- Julián Abaga Ncogo (Coordinador de los trabajos y analista de datos)

**Pregunta 1:**

1. *¿Estaría usted de acuerdo que en Bata se instale una granja avícola con la producción de huevos y gallinas ecológicas que se pueden abastecer a los mercados de Bata?*

a. SI,

b. NO

c. No lo sé

**Resultado:**

a)75%

b) 15%

c) 10%

**Interpretación:**

Gráfico 10:

**Análisis de la pregunta 1**

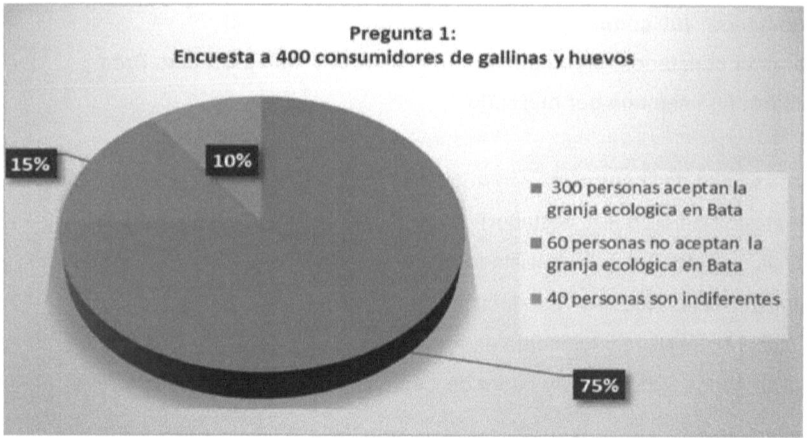


Fuente: diseño propio

Teniendo en cuenta que las 300 personas constituyen más de la mitad de los encuestados, podemos asumir que la población estaría dispuesta a consumir los productos de la granja CORAL. Por lo tanto, la decisión final es continuar con la elaboración del plan de negocios.

**Recomendación:**

En el desarrollo de las actividades productivas, se tendrá en cuenta la salubridad de los animales, para compensar la opinión de las 60 personas (contratar los Servicios de Salud Animal). La obtención de la certificación veterinaria, será la clave de nuestro plan de producción y comercialización, así como de control de calidad.

**Pregunta 2:**

*2. ¿A usted le gustaría que en Bata las gallinas y huevos producidos en el país remplacen total o parcialmente los congelados?*

a. Totalmente
b. Parcialmente
c. No lo sé

**Resultado:**

a) 70%

b) 20%

c) 10%

**Interpretación:**

Grafico 11

**Análisis de la pregunta 2**

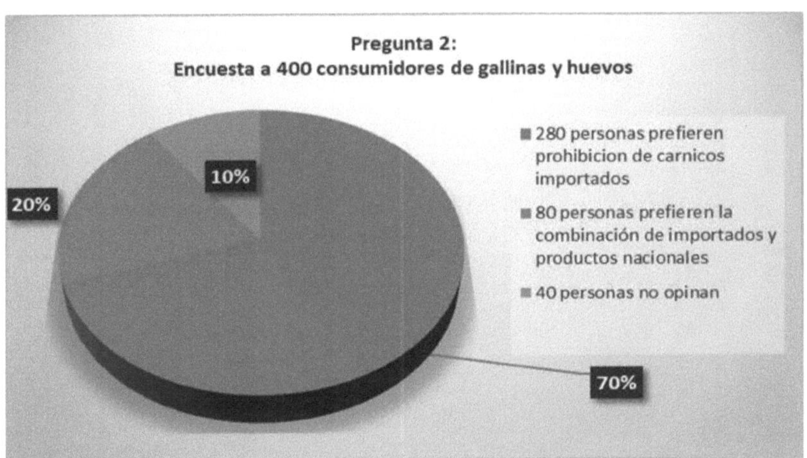



Fuente: diseño propio.

**Recomendación:**

Abastecer a los mercados con productos de calidad y a precios asequibles para combatir la importación de cárnicos congelados

**Pregunta 3:**

**3. *¿Cree que el consumo de congelados produce algún efecto negativo o positivo en su salud?***

a.  Efecto negativo

b.  Efecto positivo

c.  No lo sé

**Resultado:**

a) 80%

b) 1%

c) 19%

<u>Interpretación:</u>

**Gráfico 12:**

**Análisis de la pregunta 3**

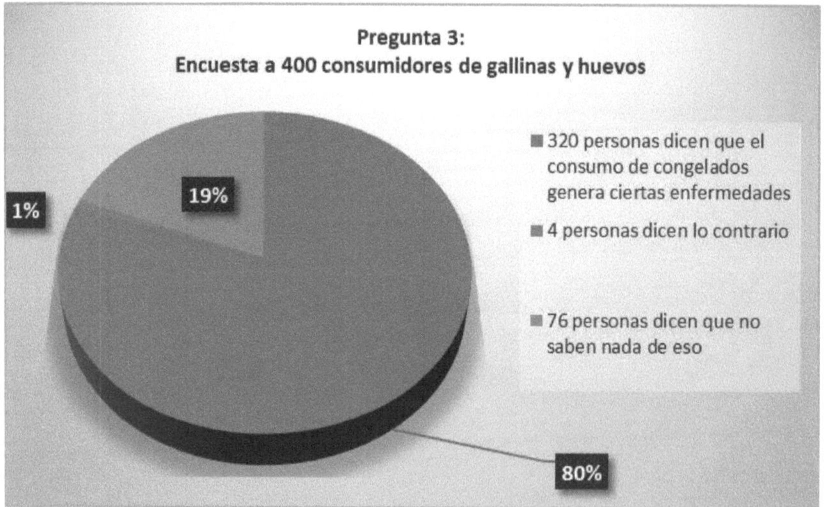


Fuente: Diseño propio

**Recomendación:**

Establecer programas sobre la educación para la salud, será un reto en este proyecto.

**Pregunta 4:**

*4, ¿Cree que el consumo de gallinas y huevos ecológicos puede ser beneficioso para su salud?*

a. Si

b. No

c. No lo sé

**Resultado:**

a)  92%

b)  5%

c)  3%


**Interpretación:**

**Grafico 13:**

**Análisis de la pregunta 4**

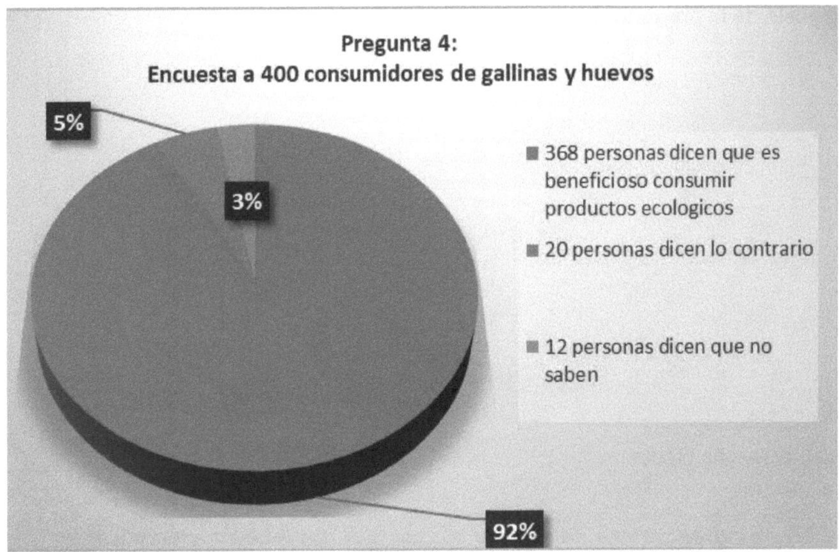


Fuente: Diseño propio


**Pregunta 5:**

*5. ¿Con qué frecuencia compra gallinas importadas en el mercado?*

a.  1 vez/semana

b.   2 veces/semana

c.  3 veces/semana

d.  4 veces/semana

**Resultado:**

a) 80% responde 4 veces/semana

b) 10% responde 3 veces/semana

c) 10% responde 2 veces/semana


**Interpretación:**


**Gráfico 14:**

**Análisis de la pregunta 5**

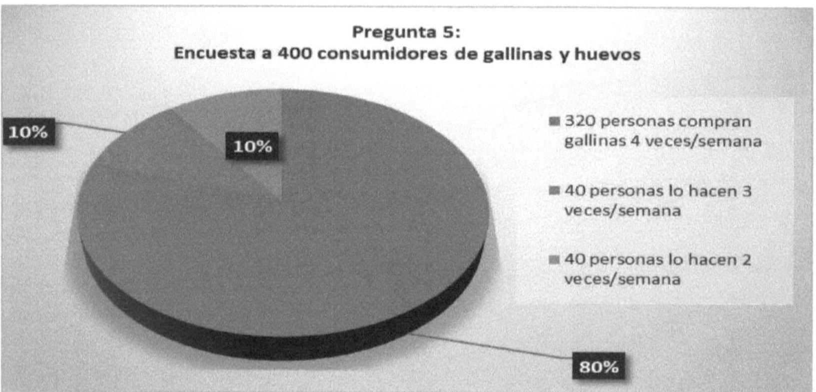


Fuente: Diseño propio


La frecuencia de compra de gallinas por semana nos ayuda a pronosticar los futuros ingresos por ventas que podría obtener el proyecto.


**Pregunta 6:**

6. *¿Ha consumido alguna vez gallina y huevo producidos en una granja de Bata o de pueblo?*

a. Si

b. No

**Resultado:**

a) 35%

b) 65%

**Interpretación:**

**Gráfico 15**

**Análisis de la pregunta 6**

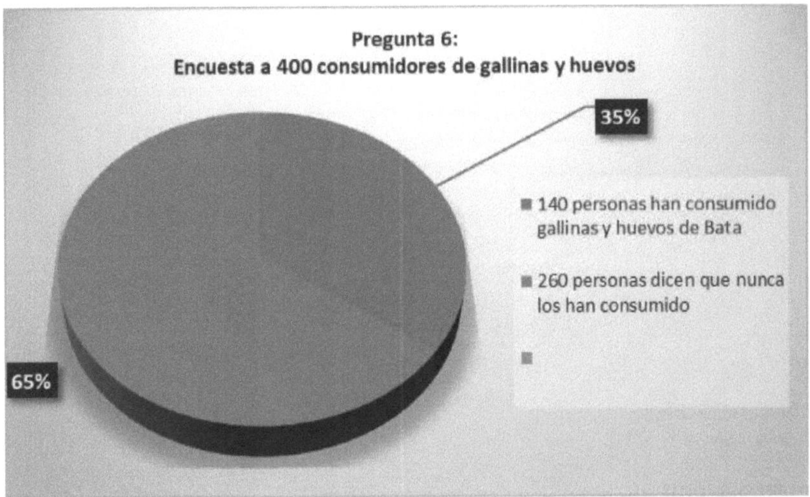


Fuente: Diseño propio

**Pregunta 7:**

*7. ¿Cree usted que adquirir huevos y gallinas de alguna granja de Bata o de pueblo puede ser más beneficioso que los congelados importados?*
**Respuestas:**

*a.* Si

*b.* No

*c.* No lo sé

**Resultado:**

a) 60%

b) 5%

c) 35%

**Gráfico 16:**

**Análisis de la pregunta 7**

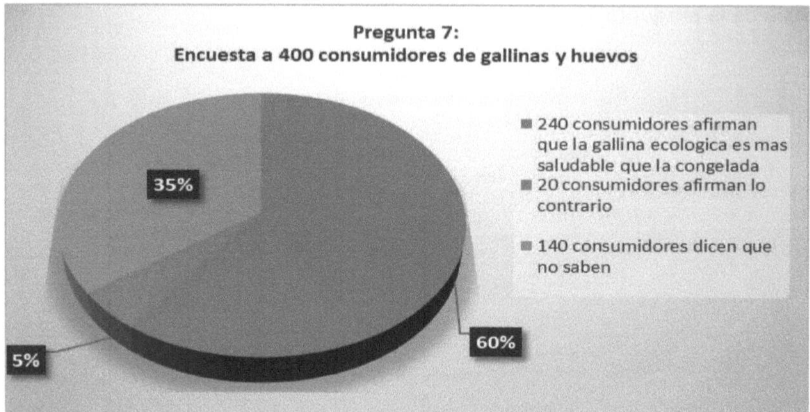


Fuente: Diseño propio

**Recomendación:**

Si las 240 personas opinan que es más beneficios consumir gallinas y huevos ecológicos, esta opinión puede generalizarse a una buena parte de la población, lo que constituiría un potencial y una oportunidad para la producción en el país.

El colectivo que ignora los posibles beneficios derivados del consumo de productos ecológicos, al constituir una buena parte de la población, el departamento de comunicación establecerá programas de educación para la salud nutricional, para mejorar los hábitos alimenticios de ese colectivo.

**Pregunta: 8:**

8. *¿En qué lugares estaría dispuesto a adquirir las gallinas y huevos de la granja?*

   **Respuestas:**

a. Abacería del barrio,

b. Supermercados de la ciudad

c. Mercados Municipales

**Resultado:**

a) 50%

b) 10%

c) 40%

**Interpretación:**

**Gráfico 17**

**Análisis de la pregunta 8**

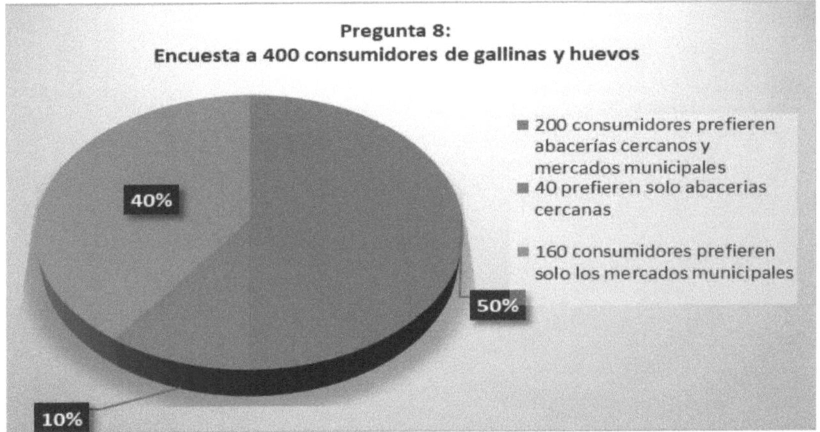



Fuente: Diseño propio

**Recomendación:**

Planificar la distribución comercial de la empresa para satisfacer a todos los colectivos, según donde desean adquirir los productos de la granja

**Pregunta 9:**

9. *¿Sabría decirnos por qué en este mercado solo se observa productos congelados importados?*

**Respuestas:**

a. No hay producción nacional

b. La producción nacional es escasa

c. No lo sé

**Resultado:**

a)  90%

b)  9%

c)  1%


**Interpretación:**

**Gráfico 18**

**Análisis de la pregunta.**

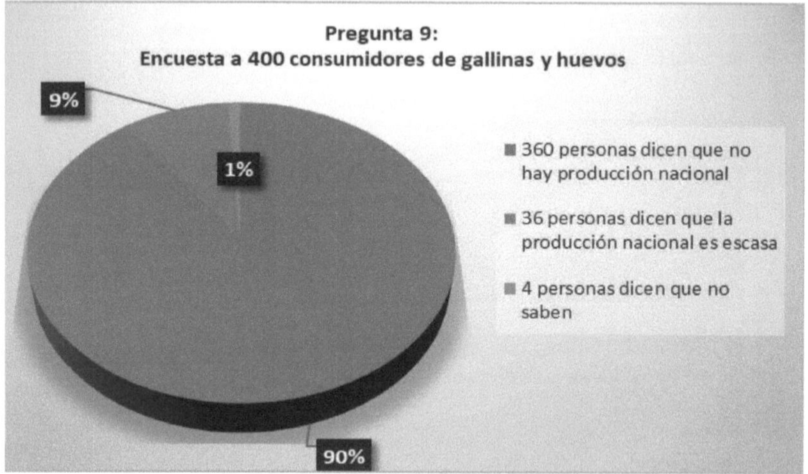



Fuente: Diseño propio


Recomendación:

Implementar granja para la producción nacional, ya que es la principal variable que manejamos en este estudio


**Pregunta 10:**

**10.¿Qué tipo de enfermedades cree que padecen las gallinas de pueblo o**
**rurales?**

**Respuestas:**

a.  Gripe aviar

b.  Gusanos

c.  No aporta nada

**Resultado:**

a) 20%

b) 10%

c) 70%

**Interpretación:**

**Gráfico 19**

**Análisis de la pregunta.**

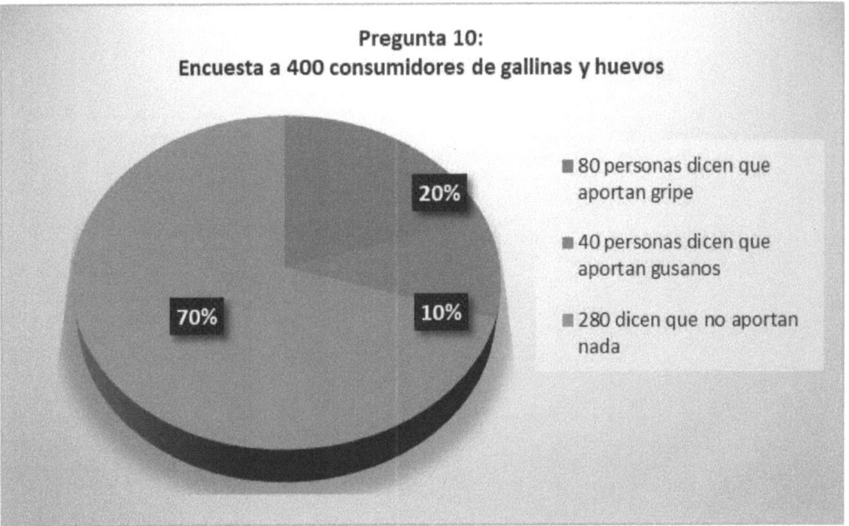



Fuente: Diseño propio

**Recomendación:**

Disponer del laboratorio bromatológico en la granja (servicio veterinario)

**Pregunta 11:**

*11. ¿Al romper el huevo que compra en el mercado, ha notado alguna vez un olor o color inadecuado?*

*Respuestas:*

a. Si

b. No

**Resultado:**

a)  80%

b)  20%


**Interpretación:**

**Gráfico 20**

**Análisis de la pregunta**

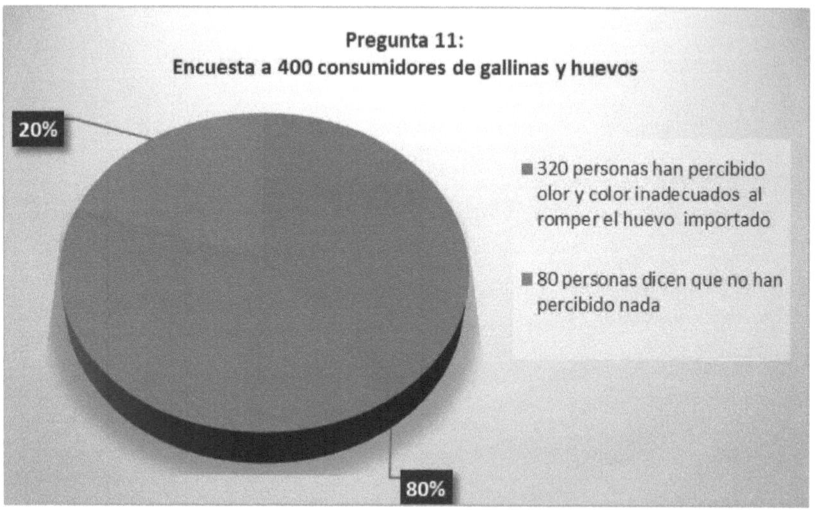


La producción y distribución de huevos ecológicos es una alternativa para evitar el consumo de huevos importados.


**Pregunta 12:**

*12. ¿En alguna ocasión habrá visto en la televisión pública que el gobierno destruye los congelados de alguna empresa de Bata?*

**Respuestas:**

a.  Si

b.  No

**Resultado:**

a)  99%

b)  1%


**Interpretación:**

**Grafico 21**

**Análisis de la pregunta**

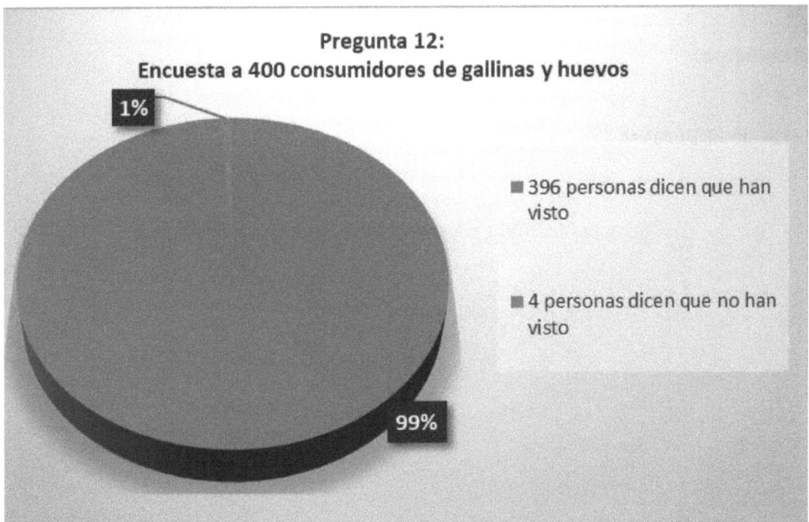


Fuente: Diseño propio

Las acostumbradas sanciones gubernamentales y la destrucción constante de los productos congelados por parte de las Autoridades del Ministerio de Comercio, es oportunidad para concienciar a los consumidores sobre el riesgo que genera el consumo de congelados importados y los beneficios que reporta el consumo de productos ecológicos.


**Pregunta 13:**

*13. Conforme a la tradición FANG, en momentos festivos (bautizos, fiestas patronales, año nuevo, matrimonios, defunciones), la gente suele sacrificar animales vivos; ¿Dónde los adquieren?*

**Respuestas:**

a.  Pueblos

b. Camerún

c. Mercado km 5

**Resultado:**

a) 25%

b) 65%

c) 10%

**Interpretación:**

**Gráfico 22**

**Análisis de la pregunta**

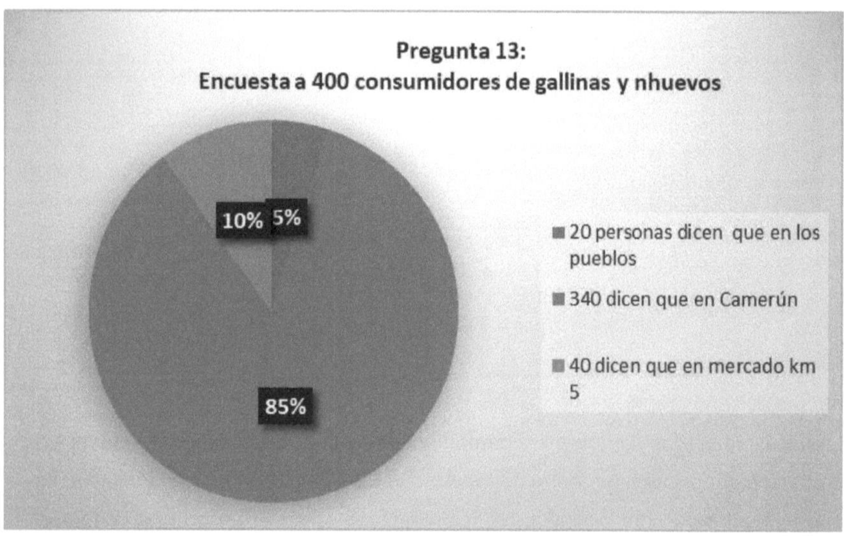


Fuente: Diseño propio

El hecho de que más de la mitad de la población acuda al país vecino, es prueba de la falta o escasa producción nacional.

**Pregunta 14:**

14. ¿Cree usted que las gallinas y huevos producidos aquí en Bata, deberían costar más caros que los congelados?

Respuestas:

a. Si

b. No

c. No lo sé

**Resultado:**

a) 5%

b) 80%

c) 15%

**Interpretación:**

**Gráfico 23**

**Análisis de la pregunta**

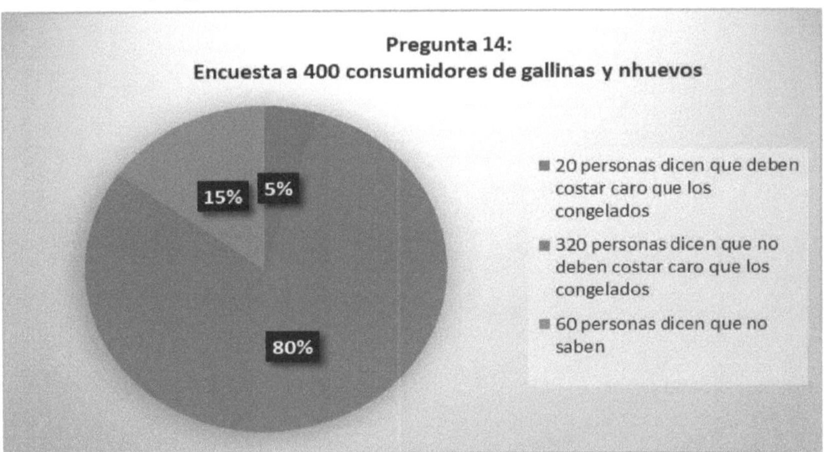



Fuente: Diseño propio

La variable precio es un factor importante a la hora de costear los productos (Coste-volumen de producción-beneficio)

**Pregunta 15:**

*15.¿Cree usted que la grasa espesa que expulsan los congelados al hervirlos es nociva para la salud?*

**Respuestas:**

a.  Si

b.  No

**Resultado:**

a)  90%

b)  10%

**Interpretación:**

**Gráfico 24**

**Análisis de la pregunta**

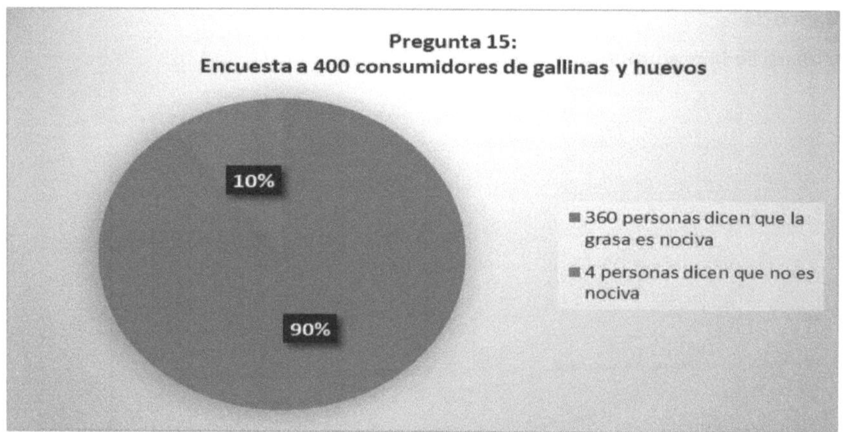



Fuente: Diseño propio

En nuestro país, no existen estudios que pueden corroborar la teoría de eliminar la grasa de los congelados importados en agua caliente antes de cocinarla. Solamente es una hipótesis que circula por la población y que todas las familias aplican a la hora de preparar los congelados importados

ENCUESTA REALIZADA EN LOS MERCADOS CENTRAL Y KM 5, CON EL OBJETIVO DE RECABAR INFORMACIÓN SOBRE LA OPINIÓN DE VENDEDORES DE PRODUCTOS CÁRNICOS CONGELADOS CON RESPECTO A LA IMPLEMENTACIÓN DE UNA GRANJA DE PRODUCCIÓN DE GALLINAS Y HUEVOS ECOLÓGICOS EN LA CIUDAD DE BATA.

**Encuestados: 160 vendedores (Entre hombres y mujeres)**

**Lugares encuestados: Mercados pilotos (Central y km 5). Ciudad: Bata**

**Duración: una semana en ambos mercados**

**Responsables de la encuesta:**

- Restituto Nsa Mikó (Encuestador)
- Bonifacio Ondo Nsue (Entrevistador)
- Mariano Ginés Nguema (Conductor)
- Patricia Nsue Nkono (tomadora de apuntes)
- Julián Abaga Ncogo (Coordinador de los trabajos y analista de datos)

**Pregunta 1:**

1. *¿Qué tipo productos congelados vendes más en este mercado?*

**Respuestas:**

a) Derivados de gallina

b) Derivados de pescado

c) Derivados de pavo

d) Derivados de cerdo

e) Otros

**Resultado:**

a) 40%

b) 35%

c) 15%

d) 5%

e) 5%

**Interpretación:**

**Grafico 25:**

**Análisis de la pregunta**

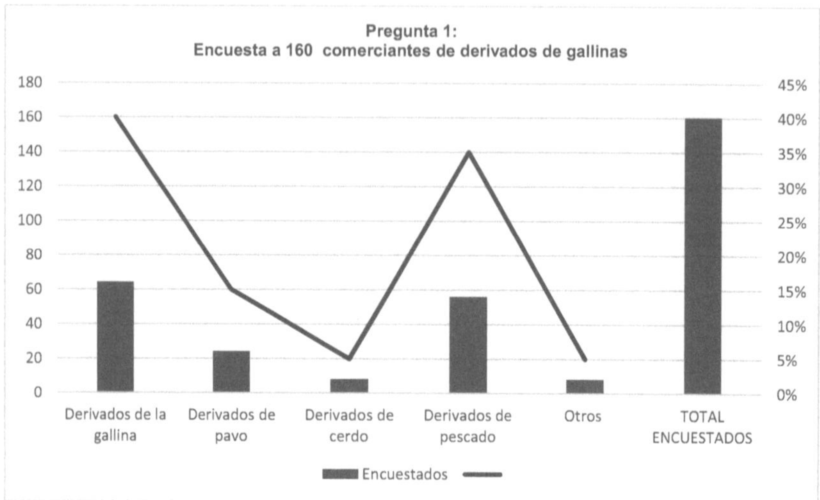


Fuente: Diseño propio

En los mercados de Bata, se observa que la carne de gallina es más demandada que otros tipos de congelados, seguido de pescado, pavo, cerdo y otros

**Pregunta 2:**

*2. ¿Con qué frecuencia vende gallinas en su establecimiento?*

**Respuestas:**

a) Todos los días

b) Cuatro veces a la semana

c) Una o dos veces a la semana

**Resultado:**

a) 75%

b) 20%

c) 5%

**Interpretación:**

**Gráfico 26:**

**Análisis de la pregunta**

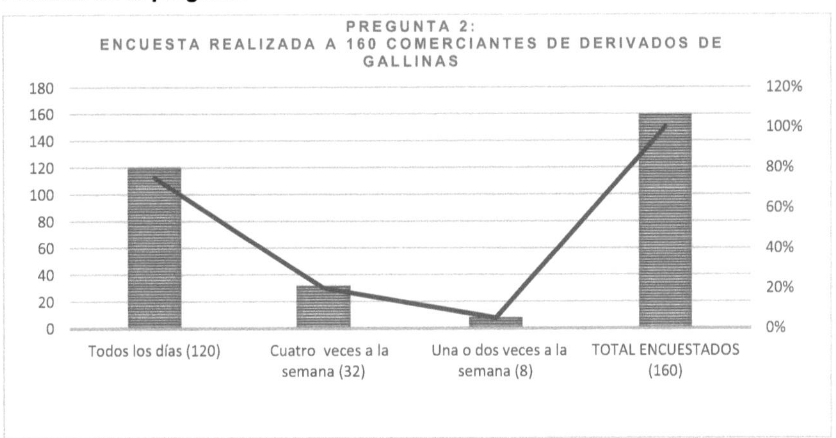



Fuente: Diseño propio

En los mercados de Bata, la venta de gallinas se puede producirse diariamente a por un número determinado de veces por semana, dependiendo de las preferencias de cada hogar.

**Pregunta 3:**

> **3. *¿Cuál es el promedio por día que obtiene de las ventas de derivados de gallinas?***

**Respuestas:**

a)  20.000 XAF aproximadamente

b)  15.000 XAF aproximadamente

c)  8.000 XAF aproximadamente

d)  No dispongo de esos registros

**Resultado:**

a)  35%

b)  20%

c)  15%

d)  30%

**Interpretación**

**Gráfico 27**

**Análisis de la pregunta**

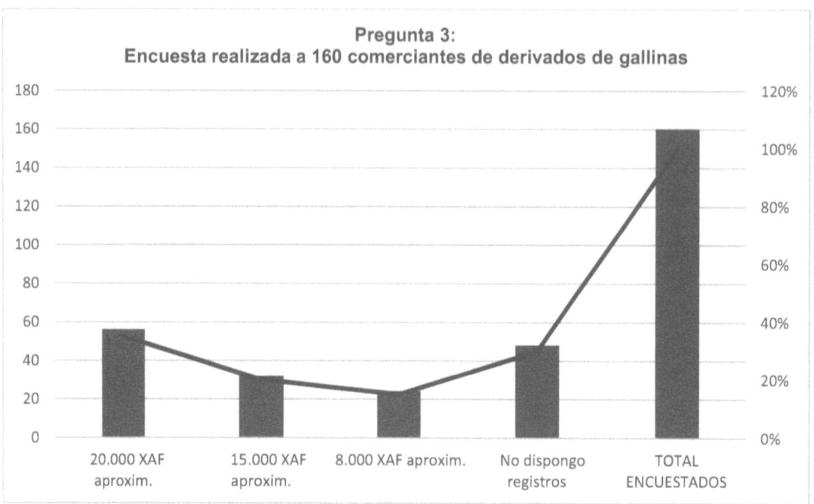


Fuente: Diseño propio

El promedio de ingresos obtenidos por ventas de derivados de gallinas en los mercados de Bata, oscila entre 8.000 y 20.000 XAF/día, según el valor de realización de las compras por parte de los consumidores.

**Pregunta 4:**

*4. ¿A qué precios vende el kg de gallinas y sus derivados?*

**Respuestas:**

a) Gallina entera de calidad media: 2.000 Francos/kg

b) Gallina entera de calidad baja: 1.700 Francos/kg

c) Alas de gallinas: 2.000 Francos/kg

d) Muslos de gallinas: 1.800 Francos/kg

e) Pollo entero: 2.000 Francos/kg

f) Alas de pollo: 1.800 Francos/kg

g) Muslos de pollo: 2.000 Francos/kg

h) Patas de pollo: 1.500 Francos/kg

**Análisis de la pregunta**

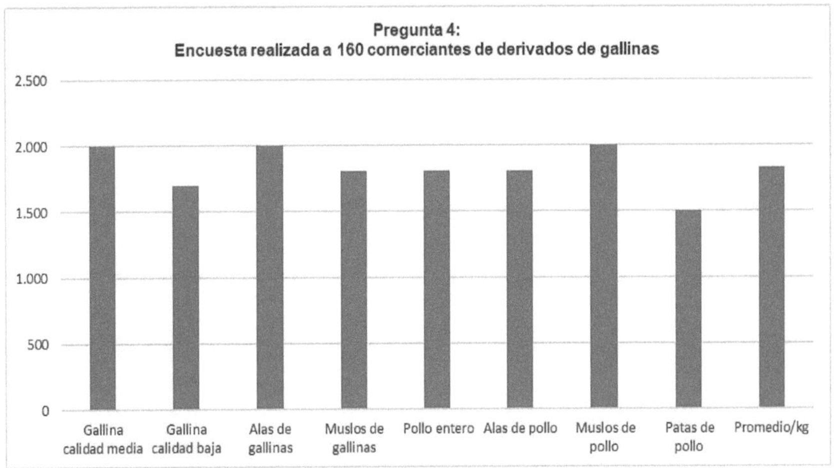



Fuente: Diseño propio

**Pregunta 5:**

5. *Si se tuviera que abastecerle gallinas de una granja instalada en esta ciudad; ¿aceptaría comprar vivas o empaquetadas con etiquetas de certificación veterinaria y logo de la empresa para revender a la población?*

**Respuestas:**

a) Empaquetadas con logo y etiquetas de certificación veterinaria

b) Vivas

c) Empaquetadas y vivas

d) No aceptaría venderlas

**Resultado:**

a) 100%

b) 0%

c) 0%

d) 0%

**Interpretación:**

**Gráfico 29**

**Análisis de la pregunta**

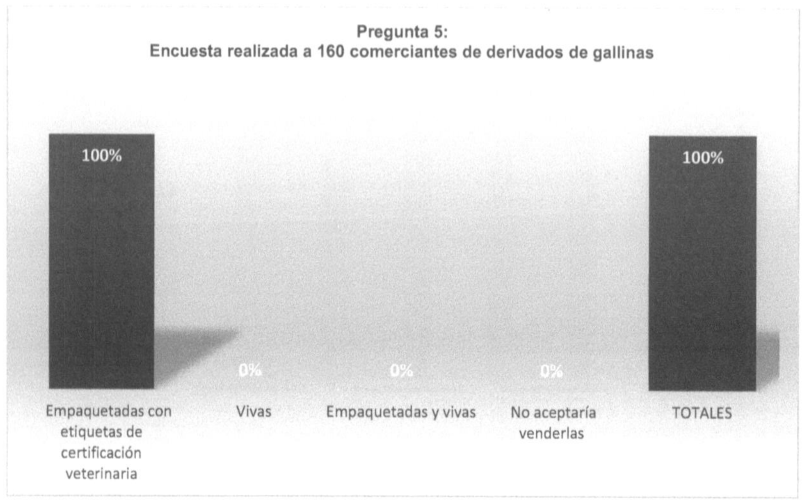


Fuente: Diseño propio

Con el resultado de esta pregunta, se planificará el abastecimiento a los comerciantes y otros intermediarios de los mercados de Bata, suministrando productos empaquetados con etiqueta de la empresa Industria **"CORAL"** conteniendo la Certificación Veterinaria otorgada por la Dirección General de Alimentación y el INPAGE.

ENCUESTA REALIZADA AL DIRECTOR DEL INSTITUTO DE PROMOCIÓN AGROPECUARIA, INPAGE, CON EL OBJETIVO DE RECABAR INFORMACIÓN SOBRE LAS CAUSAS DE LA FALTA DE PRODUCCIÓN DE GALLINAS Y HUEVOS, EL FRACASO DE LOS PROYECTOS GANADEROS IMPLEMENTADOS CON ANTERIORIDAD Y EL PLAN DE INPAGE PARA LA PROMOCIÓN AGROPECUARIA EN BATA.

**Encuestados: Una persona (Director de INPAGE)**

**Lugar de encuesta: Instalaciones de INPAGE en el puerto de Bata. Ciudad: Bata**

**Duración: Una hora**

**Responsables de la encuesta:**

- Restituto Nsa Mikó (Encuestador)
- Bonifacio Ondo Nsue (Entrevistador)
- Mariano Ginés Nguema (Conductor)
- Patricia Nsue Nkono (tomadora de apuntes)
- Julián Abaga Ncogo (Coordinador de los trabajos y analista de datos)

**Pregunta 1:**

   *1. ¿Cuál es la función de vuestra Institución?*

**Respuestas:**

a) *Apoyar técnicamente a los emprendedores en el sector agropecuario, para promocionar las actividades que se desarrollan en este sector.*

b) *Dar orientaciones sobre el funcionamiento de las actividades productivas del sector*

c) *Financiar con material agrícola a los agricultores y ganaderos*

d) *Consolidar la política del gobierno sobre el desarrollo de las actividades agropecuarias.*

e) *Certificar la calidad de los alimentos abastecidos a los mercados nacionales*

**Gráfico 30**

**Análisis de la pregunta**

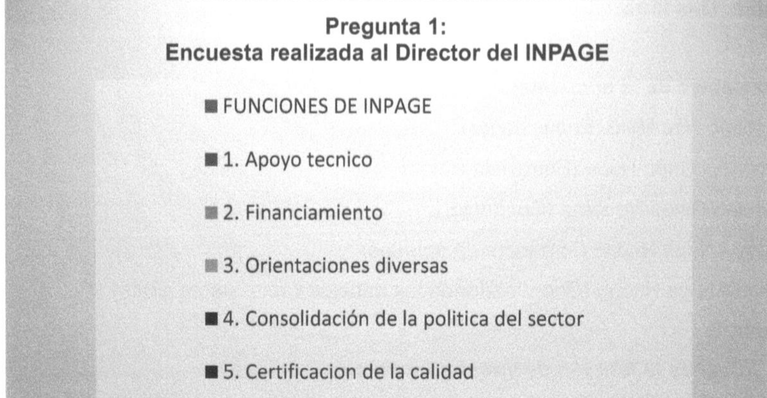


Fuente: diseño propio

**Pregunta 2:**

**2. En vuestra función de promoción y desarrollo de la ganadería, ¿habéis conseguido algo positivo que permita erradicar la importación de cárnicos congelados?**

**Respuesta:**

*Durante los 43 años que funcionamos como institución que apoya al Ministerio Tutor en la promoción del sector agropecuario, no hemos conseguido implementar y consolidar acciones que coadyuven en la erradicación de las importaciones y consumo de productos cárnicos congelados. Todos los intentos de proyectos pecuarios, han terminado en fracaso.*

**Pregunta 3:**

**3. ¿Por qué, es por alguna dificultad interna o externa?**

**Respuesta:**

*El mismo Gobierno puso la iniciativa de crear PESA, como alternativa para la seguridad alimentaria, pero dicho proyecto fracasó. Asimismo, los proyectos privados como la Granja industrial CHINA de BICOMO, de AFROM GUINEA, etc.; terminaron también en fracaso. De hecho, hasta este momento, la población sigue consumiendo los cárnicos congelados.*

**Pregunta 4:**

**4. *¿Podría decirnos cuales fueron los móviles que impulsaron la desaparición de los proyectos ganaderos como PESA y otros que se implementaron en Bata?***

**Respuesta:**

*a) Falta de adiestramiento de personal*

*b) Costes de producción elevados*

*c) Mal diseño de los planes de implementación*

*d) Escasos recursos*

*e) Elección del modelo granja industrial que requiere la aplicación de conocimientos técnicos y el control interno*

**Interpretación:**

**Gráfico 31**

**Análisis de la pregunta**

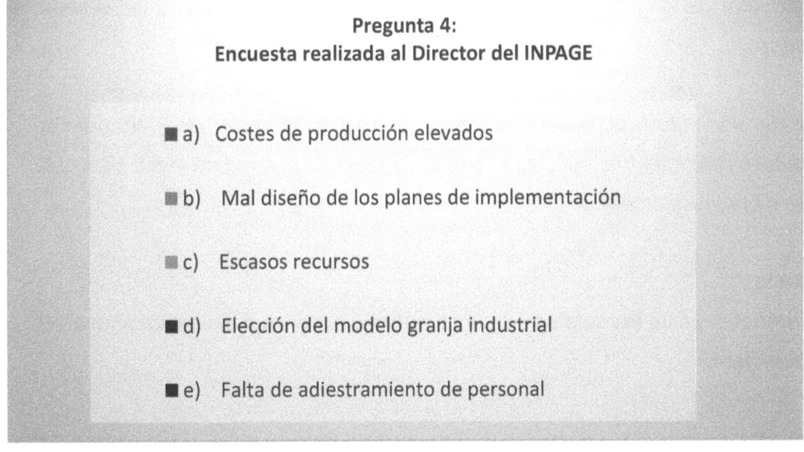


Fuente: diseño propio

**Pregunta 5:**

*5. ¿Por qué el modelo granja industrial no fue rentable económicamente?*

**Respuesta:**

*Porque es un modelo que requiere grandes inversiones en maquinaria, tecnologia industrial, costes de producción y de mantenimiento, suministros, etc. Además, se ha de tener en cuenta la correlación entre estos costes con respecto a los ingresos a obtener. En la época en que se implementó PESA, la población de Bata era menos que la actual, por lo que, la previsión que se estableció en el plan de negocio, arrojó resultados erróneos. El proyecto se encontró incurriendo en más gastos que los ingresos esperados*

**Pregunta 6:**

*6. ¿Por qué no se pensó en otro modelo de granja que rentabilice el sector?*

**Respuesta:**

*Se tuvo un concepto erróneo sobre esta actividad. Se pensó a nivel meramente comercial; de tal manera que en el modelo industrial el ritmo de producción de huevos y gallinas es acelerado; mientras que en el modelo ecológico es lento porque parte de los presos de producción natural (gallinas y huevos naturales o ecológicos)*

*La producción industrial contiene un ritmo de producción acelerado, pero precisa grandes costes; mientras que, en el modelo ecológico, el ritmo es lento, pero con costes de producción bajos*

**Pregunta 7:**

*7. Entonces, ¿Qué modelo se adecua a nuestro entorno y a nuestra situación financiera?*

**Respuesta:**

*Yo pienso que se ha de probar con el modelo de producción ecológica tecnificada. Tras el fracaso del proyecto PESA, que preveía una granja industrial, se pensó en el modelo ecológico; pero con la llegada de la recesión económica que azotó al pais en 2012, todos los proyectos fueron paralizados.*

**Pregunta 8:**

**8. Tras la implementación del Plan Nacional de Desarrollo Económico y Social de GE, H.2035, ¿Qué acciones ha diseñado e implementado el Gobierno para el desarrollo de la ganadería en el País?**

**Respuesta:**

*Con la creación del Ministerio de Planificación y Diversificación Económica, el Gobierno ha implementado el denominado* **Plan "100 DIAS",** *que contiene tres fases: formación de RRHH, estudio de necesidades en el campo (planificación de actividades productivas en el sector agropecuario) y emprendimiento y/o acompañamiento a los emprendedores (financiación de las unidades productivas)*

**Pregunta 9:**

**9. ¿Qué medidas toma el Gobierno para los productos congelados de poca calidad nutritiva y/o caducados?**

**Respuesta:**

*Siempre que el gobierno detecta alimentos caducados, conforme al informe de las supervisiones realizadas por los técnicos del Ministerio de Agricultura, Ganadería y Alimentación, sección Veterinaría y Técnicos del Ministerio de Sanidad y Bienestar Social, el Gobierno toma medidas pertinentes: sanciones gubernamentales (pagando cifras económicas a las Arcas del Estado), prohibición de las importaciones de cárnicos  por parte de la empresa que ha incurrido en el delito contra la salud pública y/o  cierre definitivo de la empresa (como el caso de Comercial SANTY, que fue cerrado definitivamente)*

**Pregunta 10:**

**10.¿En qué medida apoyaría INPAGE en la implementación de una granja cuya idea provenga de unos particulares y no del Gobierno?**

**Respuesta:**

*El INPAGE está para promocionar la agricultura y ganadería en nuestro País. Por lo que, en caso de la implementación de una granja por parte de los privados, INPAGE apoyará con la entrega de materiales ganaderos, conforme a las necesidades que tenga la granja en cuestión. Además, disponemos de técnicos agropecuarios que pueden orientar mejor en el diseño de la granja y "manejo de casos". El asesoramiento, apoyo técnico y material y las supervisiones periódicas de nuestros técnicos, puede contribuir en el crecimiento de la actividad.*

### Resultado final obtenido en la cuesta realizada al Director de INPAGE

De las 10 preguntadas de la encuesta realizada al Director Técnico del Instituto de Promoción Agropecuaria, INPAGE, se ha obtenido varias respuestas que revelan que la implementación del Proyecto Industria CORAL, recibiría **APOYO TÉCNICO Y MATERIAL, ASESORAMIENTO Y SUPERVISIONES PERIÓDICAS DE LOS TÉCNICOS DE INPAGE SIN COSTE ALGUNO POR PARTE DEL PROYECTO. ADEMÁS, LAS RESPUESTAS REVELAN EL DESCARTE DEL MODELO DE GRANJA INDUSTRIAL POR SU BAJA RENTABILIDAD ECONOMICO-FINANCIERA**

*Éste es un dato muy importante para la planificación de nuestra unidad de producción. Es una ventaja para el proyecto.*

ENCUESTA REALIZADA A LOS EGRESADOS DE LA ESCUELA DE CAPACITACIÓN AGRARIA, ECA, CON EL OBJETIVO DE RECABAR INFORMACIÓN SOBRE LAS TÉCNICAS DE PRODUCCIÓN ECOLÓGICA QUE RENTABILICEN EL SECTOR PECUARIO EN BATA, Y SU IDONEIDAD EN LA IMPLEMENTACIÓN DEL PROYECTO INDUSTRIA "CORAL".

**Encuestados: 18 personas (Entre hombres y mujeres)**

**Lugar de la encuesta: Campus de la ECA en ALEP. Ciudad: Bata**

**Duración: Un día**

**Responsables de la encuesta:**

- Restituto Nsa Mikó (Encuestador)

- Bonifacio Ondo Nsue (Entrevistador)

- Mariano Ginés Nguema (Conductor)

- Patricia Nsue Nkono (tomadora de apuntes)

- Julián Abaga Ncogo (Coordinador de los trabajos y analista de datos)

**Pregunta 1:**

1. *¿A qué se dedica ahora y desde que finalizó sus estudios ha trabajado en una granja?*

**Respuestas:**

a)  Nunca he trabajado desde que finalicé mis estudios

b)  He trabajado como empleado de prueba en la Granja de la Primera Dama

**Resultado:**

a)  50%

b)  50%

**Interpretación**

**Grafico 32**

**Análisis de la pregunta:**

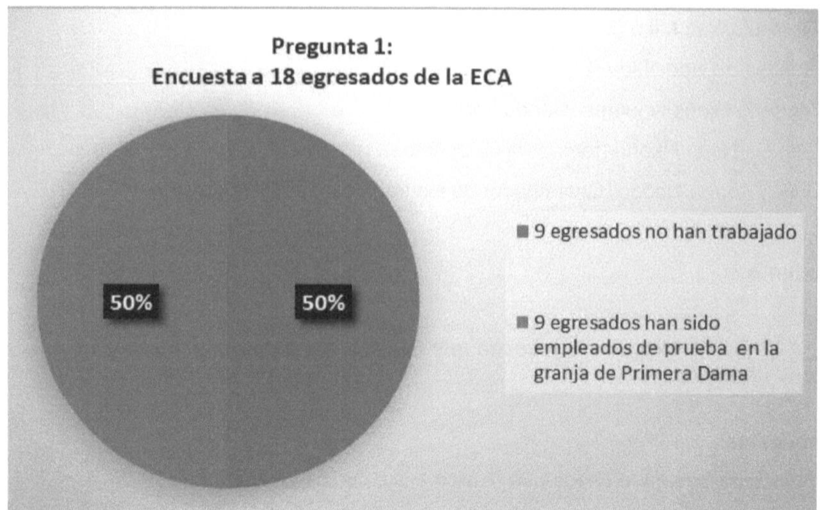


Fuente: diseño propio

**Pregunta 2:**

2. *¿Cuál es el modelo de la granja de la Primera Dama? La pregunta va dirigida a 9 estudiante que respondieron que han trabajado como empleado de prueba en la granja de la Primera Dama*

**Respuesta:**

La granja de la Primera Dama es de tipo industrial y altamente tecnificado

**Pregunta 3:**

3. *Según los conocimientos técnicos profesionales adquiridos durante el periodo de formación, y, de acuerdo a la situación actual del mercado (producción y consumo, oferta- demanda de mercado, la coyuntura económica nacional), ¿Cuál es el modelo de granja que cree que se adapta mejor a nuestro entorno? La pregunta va dirigida a los 18 egresados*

**Respuesta:**

Modelo de granja de producción ecológica controlada

Todos los estudiantes (18), abogan por la producción ecológica de gallinas y huevos

**Pregunta 4:**

**4. *Según la pregunta anterior, ¿por qué ese modelo?***

**Respuesta:**

*Porque precisa bajos costes de producción; además, los animales producidos con ese modelo, son más aptos para la salud. Los modelos de producción convencional, utilizan productos químicos que alteran la estructura de ADN del animal, acelerando su crecimiento (aumentando el ritmo de producción a través del uso de maquinaria y químicos). Esas técnicas degradan progresivamente la salud de las personas al consumir esos productos. Los animales ecológicos contienen todos los nutrientes que necesita el cuerpo humano para mantener su vitalidad*

**Pregunta 5:**

**5. *Diferencia entre huevo comercial y huevo ecológico***

**Respuesta:**

Los 18 coinciden en que el huevo ecológico es más natural que el huevo comercial, y contiene en mayor proporción todos los nutrientes requeridos por el cuerpo humano, sobre todo omega 3

**Pregunta 6:**

**6. *Diferencia entre la gallina producida ecológicamente y la industrial***

**Respuesta:**

Los 18 coinciden que la gallina ecológica es más natural que la industrial y contiene en mayor proporción todos los nutrientes que necesita el cuerpo humano, sobre todo la proteína animal.

**Pregunta 7:**

7. *Como egresado de una escuela de formación profesional de grado Superior, ¿Existe algún riesgo en el consumo prolongado de los congelados importados y/o conservados a temperaturas modificadas?*

**Respuesta:**

Los 18 coinciden en que los productos cárnicos congelados producidos por métodos convencionales y conservadas prolongadamente a temperaturas modificas, pierden sus nutrientes y encadenan reacciones que hacen que la carne o huevo sea nocivo para el consumo porque se precisa la presencia de agentes patógenos en dichos productos, que generan enfermedades.

**Pregunta 8:**

8. *Durante su periodo de formación, ¿ha conocido algunas estadísticas sobre la producción ganadera (industrial, ecológica tecnificada y rural) en el País?*

**Respuestas:**

Los 18 coinciden en que No hay estadísticas de producción ganadera (no hay datos organizados a nivel de INEGE), pero se conoce que existe una pequeña proporción de la producción rural no tecnificada en algunos pueblos

**Pregunta 9:**

9. *¿Le suenan las enfermedades de Salmonella o fiebre tifoidea y tenía; a qué se deben?*

**Respuesta:**

Los 18 coinciden que la salmonella es un agente patógeno proveniente de las heces fecales, que provoca la fiebre tifoidea. Tambien se encuesta en carne congelada conservada prolongadamente. A veces cuando la carne no se cuece bien, ese agente pasa al ser humano y se desarrolla, cuyas primeras manifestaciones consisten en la aparición de fiebre constante

**Pregunta 10:**

**10.** *¿Qué factores técnicos pueden provocar el fracaso de un proyecto ganadero de modelo ecológico?*

**Respuesta:**

Los 18 coinciden en que la falta de control de plagas y riesgos de contaminación, la falta de tratamientos preventivos y curativos de los animales, asi como los factores nutricionales, económicos y comerciales, pueden provocar el fracaso.

**Pregunta 11:**

**11.** *A nivel de ECA, ¿existen máquinas de laboratorio para el análisis de los alimentos?*

**Respuesta:**

Los 18 coinciden que existen máquinas de laboratorio para los test a nivel académico

**Pregunta 12:**

**12.** *¿Qué acciones cree que se han de implementar para convencer y fidelizar a la población en el consumo de productos nacionales, en caso de que se implemente un proyecto pecuario de alcance nacional?*

**Respuesta:**

Lo 18 coinciden en que se debe realizar campañas de sensibilización a la RTV, carteles públicos, ferias y spots publicitarios (educación para los hábitos de nutrición adecuada). Contratar a médicos nutricionistas, ingenieros agroalimentarios, etc., para que realicen estas tareas de fidelización. Asi mismo diseñar un embalaje que se proyecta bien a la vista (diseño del producto)

**Pregunta 13:**

**13.** *En su opinión, y como profesional en la materia de producción animal, ¿qué recomendación nos daría?*

**Respuesta:**

Los 18 coinciden en que la implementación de la granja de producción ecológica es la mejor alternativa para la seguridad alimentaria en nuestros mercados de consumo de carne de gallina y huevos. Para ello se ha de contar con técnicos en la materia de producción animal

ENCUESTA REALIZADA A LOS EMPRENDEDORES RURALES, QUE SE DEDICAN AL CUIDADO DOMÉSTICO DE GALLINAS, CON EL OBJETIVO DE RECABAR INFORMACIÓN SOBRE LA RENTABILIDAD Y LAS DIFICULTADES, ASI COMO LAS VENTAJAS E INCONVENIENTES DEL SECTOR EN EL AREA RURAL.

**Encuestados: 20 miembros de familias rurales (Entre hombres y mujeres)**
**Lugares encuestados: BIKUY-ALEP KM 10 (carretera Bata-Niefang), AMAN ODJAP km 12, NKINFALA ESAWUONG km 13, ENIGAYONG km 15 (carretera Bata-Mbini). Ciudad: Bata**
**Duración: 4 días (un día por zona rural o pueblo)**

**Responsables de la encuesta:**
- Restituto Nsa Mikó (Encuestador)
- Bonifacio Ondo Nsue (Entrevistador)
- Mariano Ginés Nguema (Conductor)
- Patricia Nsue Nkono (tomadora de apuntes)
- Julián Abaga Ncogo (Coordinador de los trabajos y analista de datos)

**Pregunta 1:**

1. *¿Podría explicarnos cuál es el objetivo por el que cuida esos animales aquí en el pueblo?*

**Respuestas:**
a) Para consumo domestico
b) Para vender
c) Las dos cosas

**Resultado:**

a) 20%

b) 25%

c) 55%

**Interpretación**

**Grafico 33:**

**Análisis de la pregunta**

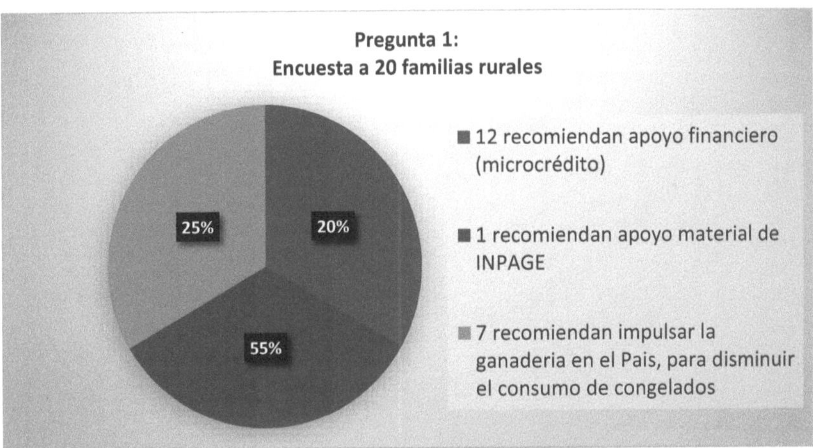


Fuente: diseño propio

**Pregunta 2:**

**2. *Cuando usted y su familia los consumen o los venden a sus clientes, ¿No experimentan alguna contaminación por enfermedad que padecen esos animales?***

**Respuestas:**

a) No hemos constatado nada

b) Cuando las aves están enfermas las suministramos medicamentos tradicionales y se curan

c) Cuando algún ave sufre de gripe se mata y se echa

**Resultado:**

a) 10%

b) 70%

c) 20%

**Interpretación**

**Grafico 34**

**Análisis de la pregunta:**

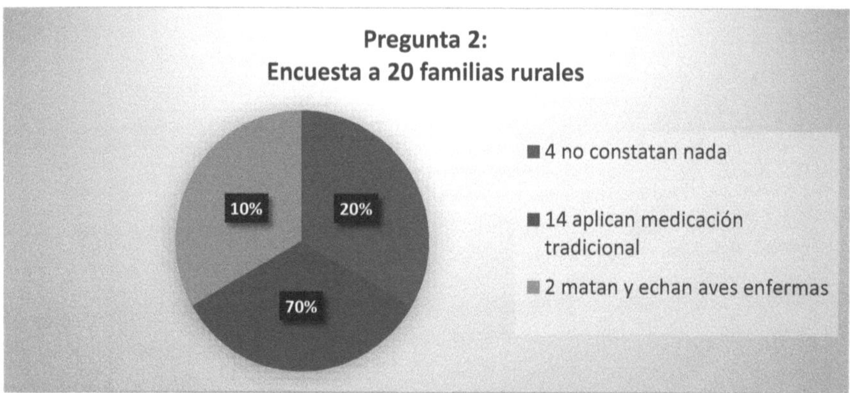


Fuente: diseño propio

**Pregunta 3:**

**3. *¿A nivel de dieta les aventaja más el consumo de productos congelados o los animales que crían aquí en el pueblo?***

**Respuestas:**

a) El consumo de nuestra producción es ventajoso para la salud

b) Los congelados cuestan caro

c) En nuestra dieta combinamos los congelados y la producción rural

**Resultado:**

a) 30%

b) 40%

c) 30%

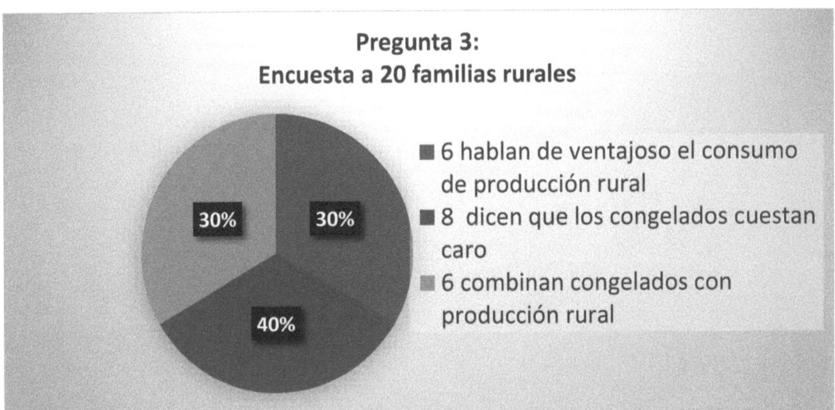


Fuente: diseño propio

**Pregunta 4:**

4. *Conforme a la experiencia que ya dispone en esa actividad, ¿podría apoyar con sus conocimientos empíricos en un proyecto ganadero de envergadura?*

**Respuestas:**

a) Creo que si

b) No estoy disponible

c) No lo sé

**Resultado:**

a) 80%

b) 5%

c) 15%

**Gráfico 35**

**Análisis de la pregunta:**

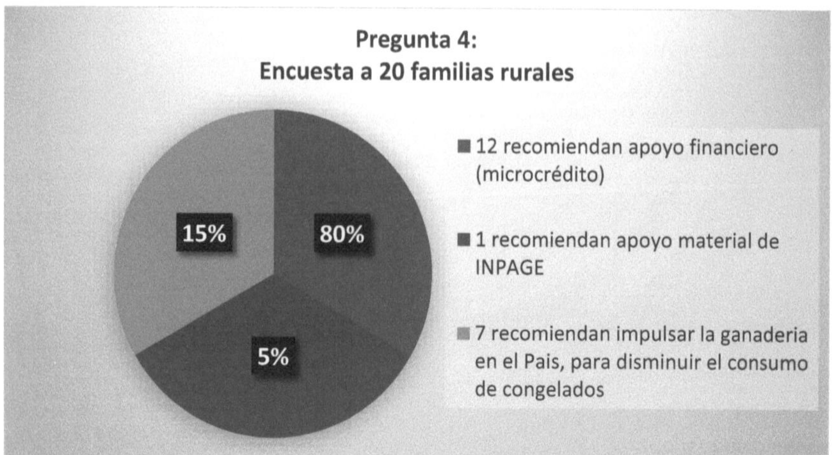



Fuente: diseño propio

**Pregunta 5:**

**5. ¿Cuántos animales y huevos pueden vender por mes, por semana o por año?**

**Respuestas:**

a)  No lo puedo calcular, pero hay más ventas en momentos festivos

b)  No lo sé

c)  En todo el año puedo vender 200 gallinas y 500 huevos aproximadamente

**Resultado:**

a)  80%

b)  15%

c)  5%

**Interpretación:**

**Grafico 36**

**Análisis de la pregunta**

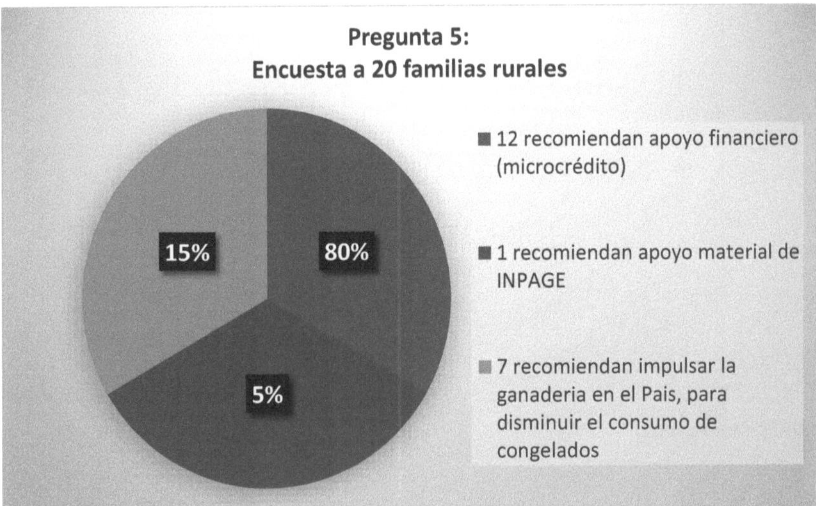



Fuente: diseño propio

**Pregunta 6:**

**6.** *¿En qué gasta el promedio de ingresos que obtiene con las ventas de animales?*

**Respuestas:**

a)  Educación de los niños

b)  Salud, alimentación y otros gastos de la familia

c)  Las dos anteriores

**Resultado:**

a)  20%

b)  10%

c)  70%

Interpretación:

Grafico 37

**Análisis de la pregunta**

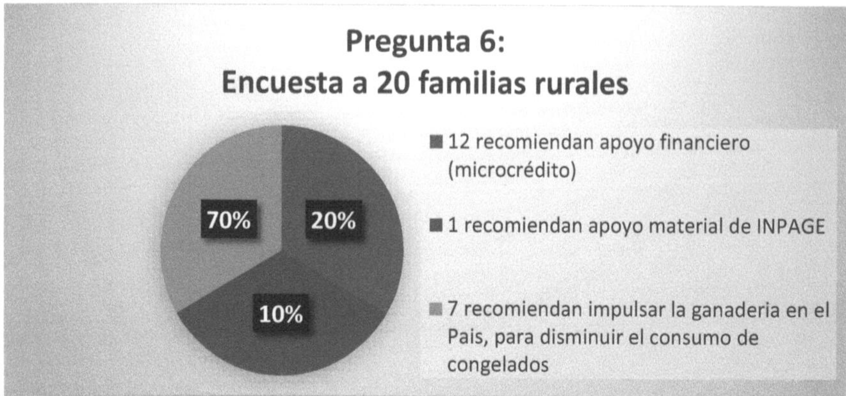


Fuente: diseño propio

**Pregunta 7:**

7. *Al observar los huevos y gallinas en tu granjero, se detecta que son pequeños en tamaño, ¿A qué se debe? ¿Conoce algún método para engordarlos?*

**Respuesta:**

Las 20 familias responden que no conocen algún método para engordar gallinas y huevos. Tampoco suministran alimentación secundaria a partir de lo que las propias aves picotean en los patios de los alrededores

**Pregunta 8:**

8. *Observamos que sus animales viven al aire libre en medio rural donde posiblemente existen depredadores como gavilán y serpientes. ¿Qué hace para protegerlos?*

**Respuesta:**

Las 20 familias coinciden en que no hacen nada para proteger los animales

**Pregunta 9:**

**9.** *A la hora de sacrificar alguna gallina para el consumo familiar, ¿Qué método se utiliza aquí en el pueblo para desplumarla?*

**Respuesta:**

Las 20 familias coinciden que utilizan el método de agua caliente donde dejan el ave alrededor de 10 minutos para luego sacar las plumas

**Pregunta 10:**

**10.** *A la hora de vender los animales en el mercado km 5 como has dicho, ¿Los lleva vivos sin desplumar o los sacrifica, desplumándolos y empaquetándolos?*

**Respuesta:**

Las 20 familias coinciden en que venden sus gallinas vivas sin desplumar

**Pregunta 11:**

**11.** *Las excretas de esas gallinas, ¿le sirven para otra cosa, como por ejemplo agricultura?*

**Respuesta:**

Las 20 familias coinciden que echan las excretas de las aves

**Pregunta 12:**

**12.** *¿Cuántas razas de gallinas dispone?*

Las 20 familias dicen que no les suenan lo de razas de gallinas. Solo conocen gallina FANG (CUB FANG; CUB= gallina; es decir, gallina FANG)

**Pregunta 13:**

**13.** *A nivel de pueblo y/o ciudad, ¿A qué precio vende la gallina hembra, el gallo y el huevo?*

**Respuestas:**

a)  Gallina: 1.500 XAF (las 20 familias)

b)  Gallo: 2.000 XAF (20 familias)

c)  Huevo ecológico: 100 XAF (20 familias)

Las 20 familias coinciden en los mismos precios de venta de producción ganadera rural

**Pregunta 14:**

**14.¿Le gustaría que algún hijo suyo estudiara una carrera que se relacione con esa actividad?**

**Respuestas:**

a)  Me gustaría

b)  No me gustaría

c)  Dependería de ellos mismos

**Resultado:**

a)  70%

b)  10%

c)  20%

**Interpretación:**

**Grafico 38**

**Análisis de la pregunta**

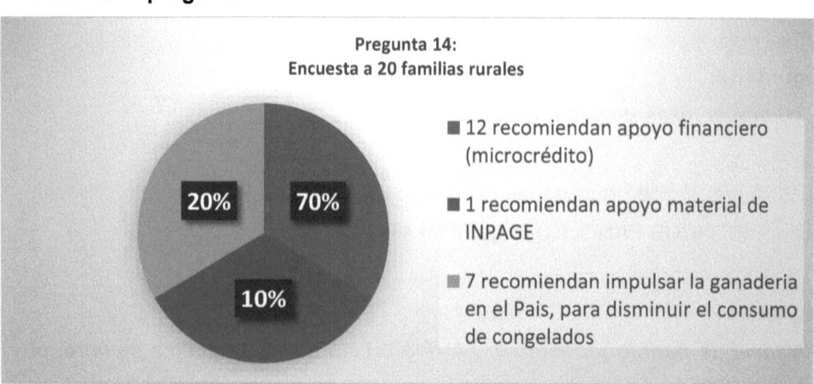


Fuente: diseño propio

**Pregunta 15:**

**15. ¿Qué espera que el gobierno haga para impulsar la actividad ganadera en el medio rural?**

**Respuestas:**

a)  Que el gobierno nos apoye con financiación externa (microcrédito)

b)  Que INPAGE nos apoye con material pecuario

c)  Que se enfatice y se impulse la actividad ganadera en el Pais, para evitar el consumo de congelados

**Resultado:**

a)  60%

b)  5%

c)  35%

**Interpretación:**

**Gráfico 39**

**Análisis de la pregunta:**

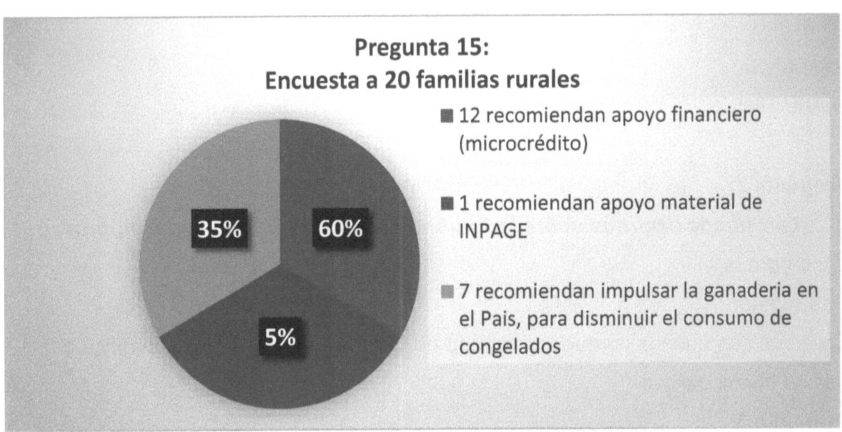



Fuente: diseño propio

ENCUESTA REALIZADA AL DIRECTOR COMERCIAL DE LA EMPRESA MARTINEZ HERMANOS, EMPRESA IMPORTADORA DE PRODUCTOS CÁRNICOS CONGELADOS. OBJETIVO DE LA ENCUESTA: CONOCER LA DISPONIBILIDAD DE LA EMPRESA PARA COLABORAR CON EL PROYECTO

**Encuestado: Director Comercial de MH (una persona)**
**Lugar de la encuesta: Oficina del Departamento Comercial de MH en Bata**
**Duración: Media hora**
**Responsables de la encuesta:**

- Restituto Nsa Mikó (Encuestador)
- Bonifacio Ondo Nsue (Entrevistador)
- Mariano Ginés Nguema (Conductor)
- Patricia Nsue Nkono (tomadora de apuntes)
- Julián Abaga Ncogo (Coordinador de los trabajos y analista de datos)

**Pregunta 1:**

1. *¿Cuánto tiempo lleva su empresa importando productos cárnicos congelados al País?*

**Respuesta:**
Desde 1985

**Pregunta 2:**

2. *¿Qué puede decirnos sobre la salubridad de los productos que importa su empresa?*

**Respuesta:**
Creo que son buenos porque los importo de Europa y América latina; certifico que son de buena calidad

**Pregunta 3:**

3. *A veces la población se queja de que vuestros productos llegan caducados o son de baja calidad. ¿Qué puede decirnos al respecto?*

**Respuesta:**

No puedo decir nada al respecto

**Pregunta 4:**

**4.** *La población se queja de la subida abusiva de precios de vuestros productos cárnicos. ¿A qué se debe?*

**Respuesta:**

Nuestros precios de venta dependen de los costes de importación incurridos

**Pregunta 5:**

**5. Como empresa, ¿Han pensado implementar una industria cárnica en el País?**

**Respuesta:**

Esto está en proyecto

**Pregunta 6:**

**6. En otros momentos anteriores, ¿Su empresa llegó a adquirir los productos de las granjas de Bata y venderlos en sus establecimientos?**

**Respuesta:**

Siempre hemos comprado los productos de las anteriores granjas de Guinea. Actualmente compramos y revendemos los pollos de la **Granja "Pollos Guinea"**

**Pregunta 7:**

7. Si se implementa una granja ecológica en esta ciudad, ¿estarían dispuestos a comprar para revender en sus establecimientos gallinas y huevos?

**Respuesta:**

Lo haríamos siempre y cuando que sean productos certificados por algún organismo público como INPAGE (Instituto de Promoción Agropecuaria) o la Dirección General de Alimentación. Es decir, si gozan de una Autorización de producción animal, o Veterinaria, entonces compraríamos.

**DISEÑO DEL PLAN DE NEGOCIOS PARA EL PROYECTO Industria CORAL, CORPORACIÓN ALIMENTARIA**

Interpretación de los resultados definitivos de la encuesta realizada a los agentes participantes en el estudio/investigación (Consumidores, vendedores, INPAGE, ECA, emprendedores rurales)

# Tabla 8

## Resultados definitivos de las encuestas

| Agente encuestado | Razón/móviles de la encuesta | Variable X | Variable Y | Resumen | Ponderación | Recomendación final |
|---|---|---|---|---|---|---|
| Vendedores de gallinas en los mercados | Descubrir el comportamiento de la demanda de gallina y huevos en los mercados de Bata. ¿Es decir, por qué las familias compran la gallina y huevos, y con qué frecuencia? ¿Por renta o por gustos y preferencias?. ¿Qué tipo de carnciso se comercializan en el mercado: congelados o productos nacionales y por qué? | Productos congelados (gallinas y huevos) | calidad de los carnicos congelados importados | Se ha realizado un estudio partirndo de la oferta de mercado. Los productos de la oferta son en us mayoria los carnicos congelados importados, lods cuales no garantizan la salud publica, por su estado de conservación y calidad de los mismos | 88% | La oferta actual de mercado, consistente en productos cárnicos congelados importados del exterior, en su mayoria no son recomendables, ya que son productos de la aplicación de métodos de produccion comvencional, utilizando los quimicos para alargar su vida util. Por lo tanto, es necesario tomar acciones desde el interior del pais para que dichos productos sean remplazados por la produccion nacional |
| Compradores de gallinas en los mercados | El objetivo de la encuesta consistia en concoer la opinion de los consumidores de congelados importados al pais, sobre la necesidad de que se implemente una industria pecuaria que permita el consumo de la producción nacional. La población estaria dispuesta a adquirir nuestros productos?. ¿Cómo influyen los precios de productos en sus procesos de compras?. Los congelados conllevan algun riesgo de contaminación que degrade la salud de las personas ? | Precio de cárnicos (inflación) | Impacto a nivel económico y de la salud el consumo de los cárnicos importados | La población se siente satisfecha con la oferta de carncios congelados?. Estos productos son rentables para garantizar la salud de los consumidores?. Algún impacto negativo detectado? | 88% | Puesto que los consumidores solo disponen de una sola oferta de mercado de carnciso, éstos se enfrenta a problemas de salud por consumir , en ocasiones, productos caducados o de calidad baja. En este sentido, la producción ganadera nacional es una necesidad imperativa. La demanda de productos necionsles es patente y debe encontrata respuesta en nuestro plan de negocio |
| INPAGE | Conocer las causas de la falta de producción nacional de aves y el apoyo que se puede esperar de esta institución, en tanto que responsable de la promoción agropecuaria en Guinea Ecuarorial | Falta de producción gallinas y huevos en el pais. | producción y consumo | La falta de producción en el pais ha permitido la formación de una red de importadores de camciso congelados al Pais | 70% | Implementar el proyecto Industria CORAL en la ciudad de Bata, para rentabilizar el sector ganero en nuestro pais |
| ECA | Conocer la idoneidad de la implementación del metodo de produccion ecologica con nuestro proyecto en Bata | Tecnicas de producción ecologica | Rentabilidad de la producción ecologica | La produccón ecologica de gallinas y huevos es la que mejor se adapta a las condicones del entomo de Bata | 90% | Elección del método ecológico y rechazo del metodo industrial |
| Emprendedores rurales | Conocer las ventajas e inconveniencias de la producción ecologica no tecnificada a nivel rural | Rentabilidad en el sector | Grado de aplicación de técnicas de producción animal | Los campesinos llevan mucho tiempo aplicandose en la producción no controlada de animales en el area rural. En su tarea, han de transformar la producción no controlada | 60% | Apoyar a los emprendedores campesinos para pasar de la producción ecologica de aves no controlada, al método de producción ecologica tecnificada |
| *Decisión final del estudio/investigación* | *Implementar acciones que permitan el desarrollo del proyecto en el entorno de Bata, afin de ofrecer a los mercados de la municipalidad gallinas y huevos saludables, libres de toda contaminación y de quimicos, los cuales pueden garantizar la buena salud a la población; teniendo como fín ultimo, luchar contra la inflación y el consumo de cárnicos congelados importados* | | | | | |

Fuente: datos de las encuestas

**Tabla 9:**

## INFORMACIÓN GENERAL DEL PROYECTO EMPRESARIAL

**Información general del proyecto**

| ETAPA PROYECTUAL | ETAPA EMPRESARIAL | | | | | | | | | | |
|---|---|---|---|---|---|---|---|---|---|---|---|
| Diseño y Título del Proyecto (etapa académica) | Nombre de la Empresa | Nombre del Representante legal | Localización | Sector de actividad | Objeto social | Capital inicial | Alcance y cobertura (Mercados) | Posicionamiento (Clientes y proveedores) | Estructura organizativa interna | Instituciones colaborativas | Contribución social (RSC) |
| Diseño del Plan de Negocios para la Creación de una Empresa Basada en un Sistema de Producción Ecológica de Gallinas y Huevos en la Ciudad de Bata-Guinea Ecuatorial. | Industria CORAL, Corporación Alimentaria | Julián ABAGA NCOGO | NTOBO Km 7, carretera Bata-MBINI | Producción avícola | Producción ecológica de gallinas y huevos | 29.900.000 XAF | abastecimiento de los mercados de la municipalidad | Compradores de gallinas y huevos. Empresas de suministros de materias primas y servicios diversos | Estructura organizativa en linea y staff (Desde DG, jefes de aeras de producción, finanzas, producción, comercial, control de calidasd, laboratorio) | CCEIBANK, INPAGE, ECA, FAO, AGRICULTURA, MH, EGTC, GPG, INPIDE, INDUSTRIA, INTI, SOCIGE, CÓNDOR | Realización de acciones sociales que ayuden a la población. Creación de centros de acopio. Creación del Instituto Tecnológico Industrial (INTI). Creación de la Sociedad de Científicos e Investigadores de Guinea Ecuatorial (SOCIGE) |

Fuente: diseño propio

## 1.5. Análisis descriptivo de los competidores y su grado de participación en el mercado de Bata (cuota de mercado):

Tabla 10

Análisis descriptivo de los competidores

| Empresa | Participación en el sector (%) | Breve descripción |
|---|---|---|
| Empresa Martínez Hermanos (Malabo y Bata) | 55% | Primera empresa comercial que se instala en Guinea en 1980. Poco a poco fue consolidando el negocio y diversificando sus inversiones, llegando a ser líder en el sector comercial del País. Actualmente, tiene sucursales en todos los distritos, también dispone de intermediarios en todo el país.<br><br>Tiene una muy buena red Logística en el país |
| Empresa Comercial Don Barato (Bata) | 5% | Esta es una empresa que comercializa los productos congelados de Martínez Hermanos en la ciudad de Bata, a través de puestos destinados para la venta en los barrios y mercados municipales; y por medio de la venta ambulante, con la utilización de vehículos asignados para tal fin. |
| Empresa PEGASOS (Malabo y Bata) | 8% | Es una empresa comercial propiedad de libaneses, y se dedica a la compraventa de productos cárnicos congelados. |
| Empresa EGTC | 30% | Es una empresa comercial propiedad de libaneses, que se encuentra en la mayor parte del país, y se dedica a la importación de productos cárnicos congelados. En los últimos años, se ha desarrollado hasta conseguir filiales en el sector de construcción |
| Granja Pollos Guinea (Malabo) | 2% | Es una granja recién instalada en la ciudad de Malabo y que se dedica a la crianza de pollos de engorde y a la producción industrial de huevos. Está en su fase de implementación, ya que una mínima parte de la población conoce su existencia, y sus productos se canalizan a través de los supermercados de Martínez Hermanos |

Fuente: Dirección General del Ministerio de Comercio (2021)

## 1.6. Nuestra visión y misión en el mercado. Identificación de la marca de productos a ofrecer en el mercado

En el mercado de Bata, concretamente en el sector de la producción y comercialización de aves y huevos, pretendemos posicionarnos como empresa líder, ofreciendo los siguientes productos:

* ***Gallinas ecológicas, en sus variedades***
* ***Huevos fértiles.***

Para ello, al introducir nuestros productos en el mercado de Bata, nuestra visión, misión y valores se especifican como se indica a continuación:

**Visión de la propuesta:**

* *Ser una organización comprometida con el desarrollo ganadero en Bata, ofreciendo gallinas y huevos de calidad, teniendo como herramienta el modelo ecológico tecnificado, y como fin, alcanzar el desarrollo tecnológico industrial del sector pecuario nacional*
* *Implementar y desarrollar un laboratorio de bromatología, afín de sintetizar y aprovechar tanto los aditivos alimentarios como los nutrientes que necesita el cuerpo humano para mantener el metabolismo y la vitalidad de los órganos y tejidos corporales*
* *La nutrición, como derecho humano, inducir en la población los hábitos de nutrición y alimentación adecuadas y el consumo de productos nacionales.*
* *Luchar contra el alza de precios de estos productos en los mercados y la importación de los mismos*

**Misión del negocio:**

* *Desarrollar una granja de alta calidad que provee alimentos a la población de Bata y otras localidades del País; afín de mantener y garantizar la salud publica*
* *Desarrollar la ciencia y la tecnología a través de los procesos de investigación en salud y nutrición*
* *Influir en la población con modelos hábitos alimenticios saludables*

**Nuestros valores:**

❖ *Audacia, porque actuamos con determinación en el sector*

❖ *Nuestro compromiso y prioridad es la satisfacción de la clientela*

❖ *Confianza en el rigor, trabajo, políticas y el estilo de organización adoptado*

❖ *Responsabilidad social corporativa, porque somos socios fiables que cuidan el medio ambiente y el entorno en general*

❖ *Honestidad, integridad y honradez porque actuamos con austeridad, poniendo de relieve la práctica profesional en el ámbito laboral y comercial. Somos constantes en nuestra misión*

❖ *Creatividad, siendo sensibles al cambio y desarrollo de la ciencia y la tecnología*

❖ *Disciplina, respetando siempre los valores de la sociedad y la organización.*

**Nuestra política sectorial:**

❖ *Promover proyectos que generen cadena de valor, tanto para la economía de la empresa como para el entorno participativo en los procesos `productivos*

❖ *Fomentar la eficiencia en la producción y en toda la cadena de valor*

❖ *Desarrollar la infraestructura, transferencia tecnológica y técnicas gerenciales que garanticen la continuidad del negocio*

❖ *Aporte al desarrollo económico y la diversificación de las fuentes de crecimiento de la Nación.*

**Nuestra marca en el mercado:**

Illera Rodrigo, C. (2005, p. 194) afirma: *"la marca es el elemento distintivo más importante del producto y constituye su principal identificación formal; no solamente a efectos comerciales, sino tambien a efectos legales".* Para ello, en el mercado de Bata, nos identificamos con la marca **"CORAL" (para todos nuestros productos)**, haciendo uso de la estrategia de **marca única (Illera, 2005)**. Esta estrategia, nos otorgará la ventaja competitiva ante posibles competidores internos y externos.

**Nuestra razón social:  Industria CORAL, Corporación Alimentaria, SL.**

**Nuestro eslogan:** *"Cuide tu salud con la buena alimentación"*

**Nuestro logotipo:**

**Empresa Industria "CORAL" Corporación Alimentaria, SL.**
*"Cuide tu salud con la buena alimentación"*

Figura: 1
Logo de la empresa

Fuente: diseño propio

## 5. ANALISIS DAFO. VARIABLES DE MEDICIÓN

**5.1. Análisis de las variables FO (fortalezas internas de la propuesta a implementar y oportunidades del entorno externo) y DA (debilidades de la propuesta a implementar y amenazas del entorno externo)**

El análisis FODA es una herramienta útil que consiste en realizar un diagnóstico sobre las debilidades y fortalezas internas de la empresa y oportunidades junto a las amenazas del entorno, con el objetivo de establecer estrategias competitivas *(manual de emprendedurismo – Dirección Nacional)*

Para nuestra empresa, y conforme a nuestro modelo de negocio, las debilidades y amenazas son situaciones internas y externas desfavorables que presentan desventajas o deficiencias; entre tanto que las oportunidades y fortalezas son situaciones internas y externas que favorecen la expansión del negocio, colocándolo en una posición competitiva en el sector. (líder en el sector).

A través de la estrategia de diferenciación, pretendemos aprovechar las oportunidades, haciendo uso de las fortalezas. Para ello, el análisis DAFO para nuestro proyecto consiste en 4 pasos:

1. Identificación de factores externos positivos(oportunidades) y negativos(amenazas)
2. Identificación de factores internos positivos(fortalezas) y negativos (debilidades)
3. Elaboración de la matriz FODA del proyecto
4. Alternativas estratégicas que permitan controlar la variable ''DA'' y aprovechar la variable ''FO''.

La variable ''FO'', constituye el apalancamiento o punto de apoyo o potencial de nuestro negocio teniendo a la izquierda las debilidades y a la derecha las amenazas.

Durante la investigación, se ha analizado los factores internos y externos del entorno, tanto del sector como de la propia situación del mercado de Bata, y de la situación del panorama económico del país. Los resultados obtenidos se insertan en las siguientes tablas:

| DEBILIDADES (Factores internos desfavorables) | FORTALEZAS (Factores internos favorables) | OPORTUNIDADES (Factores externos favorables) | AMENAZAS (Factores externos desfavorables) |
|---|---|---|---|
| ➢ *Recursos escasos*<br>➢ *Al ser un negocio nuevo no se verán utilidades elevados a corto plazo sin embargo si hay un ingreso que representa la inversión.*<br>➢ *Ciclo de vida y conservación del producto* | ➢ *Potencial en la planificación y organización de factores de producción*<br>➢ *Socios audaces y comprometidos con el negocio*<br>➢ *Posibilidad de diseño de un plan global*<br>➢ *Poder de negociación*<br>➢ *Calidad del producto* | ➢ *Disponibilidad y fertilidad de la tierra*<br>➢ *Ausencia de granjas ecológicas en el entorno rural*<br>➢ *Disponibilidad de la mano de obra tecnificada (técnicos de la ECA y de INPAGE)*<br>➢ *Aceptación de los productos por parte de los consumidores potenciales, según la encuesta*<br>➢ *Entorno legal favorable*<br>➢ *Facilidad de distribución de productos en los mercados* | ➢ *Falta de liquidez en el mercado bancario*<br>➢ *Presencia de depredadores en la zona (águilas, perro de bosque y serpientes*<br>➢ *Política fiscal del gobierno*<br>➢ *Falta de materias primas en el país (medicamentos para animales, pienso)*<br>➢ *El posicionamiento de las empresas importadores de productos cárnicos en los mercados de Bata*<br>➢ *competencia con productos sustitutos (productos congelados) que están posicionados* |

| | | | |
|---|---|---|---|
| | | ➢ *Excelente estado de vías de acceso* | *dentro de la industria y que tienen una marca ya constituida y reconocida por los consumidores*<br>➢ *El desempleo de una buena parte de la población puede afectar negativamente a la demanda* |

| ESTRATEGIAS VARIABLES´´FO´´ | ESTRATEGIAS VARIABLES´´DO´´ | ESTRATEGIAS VARIABLES´´FA´´ | ESTRATEGIAS VARIABLES´´DA´´ | EVALUACIÓN DE ESTRATEGIAS |
| --- | --- | --- | --- | --- |
| Objetivo: *utilizar fortalezas para aprovechar oportunidades:*<br>➢ Formación de RRHH: talleres, consultorías, seminarios<br>➢ En el diseño del plan, contemplar todos los aspectos necesarios para posicionar los productos en el mercado,<br>➢ Diseñar una cadena de producción con estándares de calidad para obtener productos aceptables por el mercado<br>➢ Constituir un equipo de proyecto que comparte las decisiones (un equipo audaz) | Objetivo: *Minimizar debilidades para aprovechar oportunidades:*<br>➢ Aplicar política de tolerancia 0<br>➢ Utilizar los ingresos de forma que crean rentabilidad | Objetivo: *utilizar fortalezas para minimizar debilidades:*<br>➢ Negociar con bancos para conseguir recursos<br>➢ Prever en el plan las necesidades futuras del proyecto | Objetivo: *reducir debilidades, evitando amenazas:*<br>➢ Construir cerco perimetral para evitar depredadores<br>➢ Introducir nuestros productos en otras ciudades<br>➢ Mantener la buena imagen corporativa ante los clientes<br>➢ Llevar acciones que fidelicen a los clientes | Estrategias genéricas para la competencia de las 5 fuerzas del mercado (Porter, 1982):<br>➢ Líderes en costes, aplicar la estrategia de producción para minimizar costes de producción, mantenimiento, administración<br>➢ Diferenciación en productos: Ofrecer productos ecológicos, |

| | | | | |
|---|---|---|---|---|
| ➢ Trazar planes para negociar con proveedores en la compra de materias primas y la competencia para la distribución de los productos. | | | ➢ Participar en acciones sociales<br>➢ Realizar marketing digital (Branding)<br>➢ Elaborar un plan de contingencias | altamente saludables (huevo fértil)<br>➢ Focalizar nuestra atención en nichos de mercado |

## 5.2. Diseño de estrategias de implementación y desarrollo de la propuesta. Plan de contingencias y de evaluación

Cuando hablamos de los objetivos estratégicos nos referimos a las estrategias a implementar en cada departamento, de acuerdo al objetivo general del proyecto. Los objetivos específicos de cada departamento y las estrategias a implementar para conseguirlos, no deben ser contrarios al objetivo general, sino que deben colaborar para conseguirlo y alcanzar la meta.

Rodrigo Illera, C. (2006, p.41) afirma que la estrategia *"es la determinación de los propósitos fundamentales a largo plazo y los objetivos específicos, y la adopción de los cursos de acción y la asignación de recursos necesarios para alcanzar los objetivos; es decir, la estrategia es ventaja competitiva".*

*Una estrategia es un "plan global", "plan estratégico" o "plan integral", que permite a la organización situarse como líder en el sector y ganar una ventaja sobre sus competidores (Illera, 2006, p.42).* Precisamente, el Proyecto Industria "CORAL" se planifica estratégicamente para que tenga una posición favorable en los mercados nacionales; teniendo en cuenta que los competidores son MH, EGTC, SANTY, emprendedores de CAMERUN, pequeñas explotaciones agropecuarias del país, etc.; y otros que a lo largo del tiempo irán implementando sus actividades en el sector. Para ello, nuestro proyecto debe conocer *"lo que hacen y cómo lo hacen y qué piensan hacer los demás",* para implementar estrategias competitivas y adecuadas.

Durante el estudio, se ha identificado situaciones (riesgos internos o externos inherentes al modelo de negocio, junto a su probabilidad de ocurrencia), que pueden contrarrestar la propuesta, provocando su fracaso. Para combatir dichas situaciones, hemos elaborado el siguiente plan de contingencias (plan estratégico):

Toda actividad productiva comporta riesgos que impedirían alcanzar los objetivos marcados. Una granja de producción avícola presenta diversos riesgos a tener en cuenta a la hora de desarrollar el proyecto. Estos riesgos podemos clasificarlos con arreglos a varios criterios.

**Riesgos organizativos**, la organización administrativa es importante para la gestión de un proyecto: "*el que falla en planificar, planifica para fallar*" (Illera, 2005). La organización administrativa debe ser eficaz y eficiente contando con un equipo de personal que sepa realizar el trabajo colaborativo. La falta de buena organización es un riesgo que puede desviar el proyecto. El proyecto, a la hora de planificar su plan, tendrá en cuenta este aspecto.

**Riesgos de bioseguridad**, estos son los más cruciales, ya que cuando no se respeten las normas de bioseguridad en los animales, estos pueden morir antes de su producción. Para ello, se llevará a cabo los planes de prevención y saneamiento de enfermedades de los animales mediante la adquisición de medicamentos y vacunas. Es necesario realizar programas de vacunas preventivas y realizar tratamientos para sanar las enfermedades a tiempo. Además, la limpieza en la planta productiva es tan imprescindible porque evita el contagio. Todo eso se ha de tener en cuenta a la hora de manejar los animales

**Riesgos de la falta de adiestramiento** del personal encargado del cuidado y manejo de los animales y de las plantaciones agrícolas. Estos riesgos suelen deberse a la falta de conocimiento e información por parte del equipo

El respeto de las normativas dadas por las Autoridades Competentes en el manejo de los animales y plantaciones es muy importante para el éxito del proyecto.

Para ello, un programa de bioseguridad será puesto en marcha e incluirá: tratamientos, vacunas, control de alimentación, higiene animal, higiene de la planta, etc.

Algunos factores necesarios para el buen funcionamiento de la actividad podrán reducir muchos riesgos:

- *planteles adecuados para el tipo de explotación.*

- *Compra de aves de buena calidad.*

- *Círculos de crianza para aves de 1 día con antibióticos en el agua por 3 días.*

- *Mantener la densidad recomendada por metro cuadrado.*

- *Distancia de 6 a 8 m entre planteles.*

- *Lotes de aves deben tener la misma edad.*

- *Equipo necesario y en buen estado.*

- *Agua fresca y abundante siempre.*

- *Limpiar mínimo dos veces al día la fuente de agua.*

- *Evitar las fugas de agua.*

- *Mantener los comederos a la altura del dorso de las aves.*

- *Mover los comederos durante el día para evitar desperdicios.*

- *Suministrar la cantidad de alimento de acuerdo a la edad.*

- *Toda la ración de alimento se suministra en la mañana.*

- *- Selección de aves en fechas programadas.*

- *Eliminar las corrientes de aire.*

- *Mantener la cama seca, las paredes y cedazos limpios.*

- *Seguir el programa de vacunación y desinfección.*

- *Controlar el canibalismo.*

- *Eliminar los roedores con trampas y cebos.*

- *Seguir el programa de iluminación recomendado.*

- *Quemar y enterrar las gallinas muertas.*

- *Suministrar calcio adicional a las ponedoras.*

- *Cerrar los nidales por la noche*

- *Mantener nidales limpios y ventilados.*

- *Apartar las gallinas cluecas.*

- *Con 4 o 5 recolectas diarias se evita cloquera y huevos quebrados.*

- *Llevar registros al día.*

- *Terminado un ciclo de postura, el plantel debe descansar 2 semanas.*


**Situaciones que requieren atención**

- *Baja calidad de las aves.*

- *Baja calidad del alimento.*

- *Desperdicio del alimento.*

- *Despique defectuoso.*

- *Ataque de depredadores.*

- *Manejo deficiente.*

- *Parasitismo.*

- *Presencia de enfermedades.*

- *Pocas desinfecciones.*

- *Vacunaciones inadecuadas.*

- *Falta de agua.*

- *Humedad dentro de la galera.*

- *Falta de comedero.*

- *Alta densidad de población.*

- *Selección frecuente.*

- *Retardo en la iniciación de la postura.*

- *Control de luz.*

- *Nidales defectuosos o en mal estado.*

- *Pocas recolecciones de huevos.*

- *Falta de calcio adicional.*

A continuación, se inserta los riesgos identificados y el plan de contingencia diseñado:

Tabla 11:

Identificación de riesgos internos

| Plan de contingencia Riesgos internos | | | | |
|---|---|---|---|---|
| Tipo de riesg | Descripcion del Riesgo | Consecuencia del riesgo | Plan de Accion | Depto resp. / Seccion |
| Robo (interno) | El robo puede provenir de los propios empleados o de gente de afuera del proyecto CORAL | Potencial el fracaso del proyecto, por mermas, disminuyendo la posibilidad de la continuidad, debido a la rentabilidad de este por el flagelo | Se instalará un cerco perimetral eléctrico, y cámaras de Seguridad | Operaciones / Seguridad |
| Falta de personal Técnico calificado | Riesgo de contaminación en el periodo en la manipulación, aves en perfectas condiciones con las aves enfermas en la granja, estas por contaminación del agua consumida, Alimentos o parásitos | Muertes de las aves, transmitir enfermedades a resto de las aves en la granja | capacitación a nivel técnico de cada uno de los operarios en la granja | Recursos Humanos |
| Riesgo financiero | Riesgo financiero por tasas de interés mayores a las proyectadas en el presupuesto inicial, así como el Crecimiento acelerado en la inflación del país | Sobre endeudamiento financiero para cubrir, costos operativos, de la empresa el "CORAL" | Buscaremos financiamiento en bancos agrícolas con tasas preferenciales y como instancia ultima nuevos inversionistas | Contabilidad |
| Enfermedades en las Aves (Interno) | Las aves pueden contaminarse a través del agua contaminada, o por agentes portadores de enfermedades a las aves, o mal manejo de los medicamentos | Muerte de las aves, huevos con deficiencias de calcio o con malformaciones físicas | Haremos tratamientos aislados del resto del galpón para evitar que se extienda al resto de las aves | Operaciones |

Fuente: elaboración propia

Tabla 12:

Identificación de riesgos externos

| Plan de contingencia Riesgos Externos | | | | |
|---|---|---|---|---|
| Tipo de riesgo | Descripcion del Riesgo | Consecuencia del riesgo | Plan de Accion | Depto resp. / Seccion |
| Competitividad | Instalación de nuevas empresas del sector | Baja rentabilidad por competir, eficientes procesos internos para ser más competitiva | Reforzar la publicidad de los beneficios de los huevos ecológico | Gerencia Comercial |
| Enfermedad fiebre aviar | Afectación por contaminación de las aves | Muerte total de las aves en el proyecto "CORAL" | Reforzamientos en los procesos de sanitización al ingreso de la granja el CORAL, evitando llevar a los galpones cualquier riesgo de enfermedades contagioses para las aves | Operaciones / Producción |
| Retraso en la obtención de Autorizaciones para el Funcionamiento del proyecto "CORAL" | Riesgo por el retraso de la concesión del permiso de operación y puesta en marcha del proyecto | Retraso en el inicio de operaciones del proyecto, afectando el plan inicial elaborado | Cumplir con todos los requisitos establecidos por el gobierno, para evitar atrasos en la obtención del permiso de operación de la granja el CORAL | Gerencia Comercial / Asesores Legales |
| Atrasos con las importaciones de alimentos balanceados | Riesgo por el atraso en los contenedores a puerto por situaciones climáticas | Baja de peso en las aves, deficiencias en los nutrientes necesarios en la alimentación balanceada | Mantener un stock de Seguridad, en caso de tener retrasos con las Importaciones, abastecimiento del Mercado local | Gerencia Comercial |
| Ataque de depredadores | Ataque de gavilanes, picadura de serpientes y perro de bosque | Muerte de aves, disminución en la población total, merma en la rentabilidad del proyecto | Colocar trampas se Seguridad, así como cerco perimetral en la granja el CORAL, para proteger de animales roedores | Operaciones |

Fuente: elaboración propia

Tabla 13:

Valoración de riesgos y su tratamiento

| Riesgos | Tratamiento | Valoración del tratamiento del riesgo |
|---|---|---|
| Robo (interno y externo) | Se instalará un cerco perimetral eléctrico, y cámaras de Seguridad | **2,100,** este valor seria por periodo 5 años, trataremos el riesgo |
| Falta de personal Técnico calificado | capacitación a nivel técnico de cada uno de los operarios en la granja | No se considera una valoración adicional, dado que el asesor técnico que tendremos en la granja se encargara de las capacitaciones técnicas en sus visitas mensuales a la granja, trataremos el riesgo |
| Riesgo financiero | Buscaremos financiamiento en bancos agrícolas con tasas preferenciales y como instancia ultima nuevos inversionistas | No tenemos una valoración, dado que no tenemos una proyección de las tasas de interés para el inicio del proyecto, por tanto, asumiremos el riesgo. |

| Enfermedades en las Aves (Interno) | Haremos tratamientos aislados del resto del galpón para evitar que se extienda al resto de las aves | **55,000,** la valoración está considerada por 5 años, para el tratamiento de las aves, trataremos el riesgo |
|---|---|---|
| Competitividad | Reforzar la publicidad de los beneficios de los huevos ecológico | **82,500,** considerada a 5 Años, para el posicionamiento de la marca, asumiremos el riesgo |
| Enfermedad fiebre aviar | Reforzamientos en los procesos de sanitización al ingreso de la granja el **CORAL**, evitando llevar a los galpones cualquier riesgo de enfermedades contagiosas para las aves | **150,000,** esta valoración es por 5 años, es nuestro mayor riesgo en la granja ecológica, se contempla todo el reforzamiento fitosanitario en la granja, pero siempre asumiremos el riesgo, asumiremos el riesgo |
| Retraso en la obtención de Autorizaciones para el Funcionamiento de la empresa "CORAL" | Cumplir con todos los requisitos establecidos por el gobierno, para evitar atrasos en la obtención del permiso de operación de la granja el **CORAL** | **2,700,** esta valoración se realiza por un periodo de un año, trataremos el riesgo |
| Atrasos con las importaciones de medicamentos | Mantener un stock de Seguridad, en caso de tener retrasos con las Importaciones, abastecimiento del mercado local | **165,000,** esta valoración es anual, se considera por cualquier atraso de suministros. por tanto, la compra de materias primas en el país a precios más elevados de los considerados en el plan inicial, asumiremos el riesgo |
| Ataque de depredadores Gavilanes o aves voladoras | Colocar trampas se Seguridad, así como cerco perimetral en la granja el **CORAL,** para proteger de animales roedores | **80,000** valoración por periodo de 5 años, trataremos el riesgo |

Fuente: elaboración propia

Tabla 14:

Probabilidad de ocurrencia de los riesgos

| Riesgo | Probabilidad de ocurrencia | Impacto | Probabilidad por impacto |
|---|---|---|---|
| Robo (interno) | 1% | 21,696 | 217 |
| Falta de personal Técnico calificado | 1% | 21,696 | 217 |
| Enfermedades en las Aves (Interno) | 3% | 65,089 | 1,953 |
| Competitividad | 1% | 21,696 | 217 |
| Enfermedad fiebre aviar | 10% | 216,962 | 21,696 |
| Ataque de depredadores | 1% | 21,696 | 217 |

Fuente: elaboración propia

# 6. ESTUDIO TÉCNICO, LEGAL Y ADMINISTRATIVO

## 6.1. Diseño de la granja. Proceso de producción. Estudio técnico de aves de coral

En principio, la granja se situará en el barrio NTBO km 7, sobre un espacio terrestre de 10.000 m². , donde se albergarán 1.029 gallinas (980 hembras y 45 gallos). Al tratarse de la granja ecológica, donde las aves se alojan en libertad, Las normas de la producción ecológica establecen un límite máximo de 3.000 gallinas por lote o grupo, y no se pronuncia sobre el tamaño de las explotaciones avícolas de puesta.

No hay datos suficientes que establezcan el tamaño óptimo o crítico de los grupos de gallinas para explotaciones ecológicas. Es conocido que las manadas que viven en libertad se agrupan en tamaños que van de 6 a 30 individuos y que grupos mayores de 100 gallinas tienen problemas para identificarse. Sin embargo, en los corrales grandes las gallinas no forman grupos dominantes, identificándose por el tamaño o cresta, reduciéndose en estos rebaños las agresiones (Weiblinger y col., 2004:142).

El proceso de producción se llevará a cabo en varias fases:

a) recepción de pollitas, donde se llevará a cabo las atenciones necesarias para el correcto crecimiento de los animales. La alimentación y los tratamientos de salud en la edad temprana serán controlados por los servicios de nutrición animal (INPAGE), personal técnico al servicio de la granja (ECA).

b) Crecimiento; en esta fase se llevará a cabo las operaciones de alimentación, control de plagas (saneamiento de animales)

c) Fase de producción de huevos

d) Fase de producción de carne de gallinas destinada para el mercado

e) Fase de registros y control de calidad, empaquetado, costeo y contabilizaciones

f) Fase de venta al público

### 6.1.1. *Infraestructura (Espacio físico – Puestos de trabajo) dentro de la granja*

### 6.1.2. *Dimensionamiento de la granja*

Tabla 15

| Tarea | Recursos | Superficie (m²) | Condiciones |
|---|---|---|---|
| Construcción de Galpón | -Materiales de construcción.<br><br>-Técnico electricista.<br><br>-Instalación de Sistema de Agua, 1 Fontanero | **-10,000** Metros cuadrados de terreno<br><br>-Instalación de cama pelecha | -Galpón con medidas adecuadas para aves.<br><br>-Instalación de Sistema eléctrico<br><br>-Instalación sistema de riego |
| Empacado de Huevo | -Operario para la recolección de huevos y aves.<br><br>-Operario para el control de calidad.<br><br>-Operario para empacar el producto | Operarios en galera de 52 Metros cuadrados | Condiciones ambientales de 28 a 32 °C |

**Fuente: diseño propio**

### 6.1.3. *Los procesos que tendrán lugar dentro de la granja*

- Alimentación de aves
- Recoleta de huevos
- Cuidado de los animales
- Empaquetado de productos
- Tratamiento de animales
- Incubado de huevos
- Empacado de huevos
- Desplumado de aves
- Transporte de productos terminado al mercado
- Control de personal: Reclutamiento y contratación, pago sueldos
- Ventas de productos terminados

- Mantenimiento maquinaria
- Contabilización y gestión de productos terminados
- Gestión de servidores y de sistema informático
- Informatización de todas las operaciones comerciales, contables y financieras
- Controles de calidad: calidad avícola, bioseguridad, alimentación y el control ambiental en los galpones
- Compra de los suministros, abastecimiento y/o aprovisionamiento de materias primas
- Automatización de sistemas de calefacción e iluminación

### 6.1.4. Agrupación de tareas en procesos internos y externos de la granja:

**Tabla 16**

| Proceso | Tarea | Externo / Interno | Tercerizado / Propio |
|---|---|---|---|
| Suministro de materia prima | -Compra de maíz y soja<br>-Compra de pollos de aproximadamente 3 días de nacido.<br>-Compra de suministros de medicamentos de uso veterinario (Vitaminas, vitales e infecciones y desparasitantes); y productos de limpieza. | Interno | Propio |
| Almacenamiento de materia prima | Creación de tolvas de acero para almacenamiento de materia prima | Externo (proveedores) | Tercerizados |
| Bioseguridad | Programa de limpieza y desinfección de galpones | Interno | Propio |
| Construcción de galpones y reserva de agua potable | Cumpla con normativas de bioseguridad, y seguridad alimentaria.<br>-Construcción de cisternas | Externo (Proveedores) | -Tercerizados<br>-Propio |
| Sistema eléctrico | Alumbrado | Externo (SEGESA) | Propio |

| Compra de equipos | Incubadoras<br>-Bebederos<br>-Comederos<br>-Transporte | Externo (Factorías) | Propio |
|---|---|---|---|
| Proceso de Producción | -Incubación de huevos.<br>-Alimentación de animales.<br>-Recolección de huevos.<br>-Recolección de aves para cárnico.<br>-Control de Calidad.<br>-Empaque de huevos y cárnicos. | Interno | Propio |
| Proceso administrativo y comercial | Control de producción y ventas.<br>-Realizar compra y pagos de productos y nómina.<br>-Realizar tareas contables y financieras de manera diaria. | Interno | Propio |
| Proceso de Marketing | Estudio de mercado para costos y puntos de venta.<br>-Publicidad virtual y física. | Interno | Propio |
| Proceso de logística y abastecimiento. Compras | Entrega de productos a los diferentes clientes.<br>-Abastecer de los productos de primera necesidad a la empresa | Interno Externo | Propio |
| Proceso de control de calidad y medioambiental | Control de enfermedades ligadas a al consumo de carne de gallinas<br>-Control de temperatura ideal para galpones<br>-Control de alimentación suministrada a los pollitos y gallinas<br>-Sistema de limpieza, desinfección y<br>-Programa de vacunación y medicamentos de los animales y control de deyección, cadáveres y materias contumaces | Interno | Propio |
| Informatización de las | - Gestión de compras, ventas, etiquetado | Interno | Propio |

| operaciones comerciales, contables y financieras | - Gestión de medios de pagos, facturas, pedidos<br>- Gestión de libros contables: diarios, cuentas corrientes, caja, albaranes, cuentas a cobrar, cuentas a pagar, obligaciones fiscales<br>- Control del historial de clientes y proveedores.<br>- Contabilización de operaciones contables en el libro diario y balances<br>- Control de presupuestos de gastos anuales, trimestrales | | |
| Sistemas informáticos y gestión de servidores | Gestión de servidor Opmanager<br>-Monitoreo de servidores físicos y virtuales<br>-Gestión de los almacenes, mediante métodos de control de los mismos<br>-Implementación y mantenimiento del programa contable NAVISION | Externo | Tercerizado |

Fuente: diseño propio

### 6.1.5. *Clasificación de los procesos dentro de la granja:*

**Tabla 17**

| Procesos Estratégicos | Procesos Operativos | Procesos Auxiliares |
|---|---|---|
| Proceso de Talento Humano | Bioseguridad | Almacenamiento de materia prima |
| Compra de equipos | Construcción de galpones y reserva de agua potable | Suministro de materia prima |
| Control de stock | Sistema eléctrico | |
| Proceso de logística y abastecimiento | Proceso de Producción | Sub rea de Mantenimiento |
| Proceso administrativo y comercial | Proceso de control y calidad | Área de producción |
| Proceso de Marketing | Proceso de compras y ventas | Área comercial |

Fuente: diseño propio

### 6.1.6. *Descripción de los procesos que tendrán lugar en la granja*

**Tabla 18**

| Nombre del proceso | Descripción | Misión/ Objetivo | Responsable | Destinatario |
|---|---|---|---|---|
| Talento Humano | Reclutar personas con capacidades de aportar de forma positiva a la empresa. | Contar con personas con conocimientos amplios en la cría de aves para obtener resultados adecuados en la empresa. | Gerente de Recursos Humanos | Cliente Interno |
| Construcció n de galpones y reserva de | Elaboración de Galpones y perforación | Crear instalaciones seguras, para cuidar el bienestar animal | Gerente de Operaciones | Cliente Interno |

| | | | | |
|---|---|---|---|---|
| agua potable | de pozo de agua potable | | | |
| Sistema eléctrico | Instalación de sistema eléctrico para el proyecto | Asegurar el alumbrado y funcionamiento de la maquinaria | Gerente de Operaciones | Cliente Interno |
| Compra de equipos | Ejecución programa de compras equipos y utensilios proyecto | Compra de equipos necesarios para el funcionamiento adecuado del proyecto | Gerente de Operaciones y administrativo | Cliente Externo |
| Área de mantenimiento | Ambiente de trabajo optimo tanto en la maquinaria como en el terreno de la cría de animales | Supervisar que las maquinarias estén correctamente operativas y funcionales para que no exista daño en los procesos de producción. | Gerente de Operaciones y administrativo | Cliente Interno Cliente Externo |
| Suministro de materia prima | Planificación de las cantidades de materias primas para proyecto | Mantener inventarios de materias primas (Ecológicas) | Gerente de Operaciones | Cliente Interno |
| Almacenamiento de materia prima | Resguardo de las materias primas, bajo altos estándares de inocuidad | Mantener en espacios óptimos, para su posterior uso | Gerente de Operaciones | Cliente Interno |
| Control de Stock | Llevar inventario de la materia prima y de ventas. | Evitar perdida de producto, asegurando que exista un inventario adecuado de acuerdo al método FIFO. | Gerente de Operaciones y administrativo | Cliente Interno |
| Bioseguridad | Cumplir con los estándares de control de calidad | Evitar contaminación hacia los galpones o proyecto | Gerente de Operaciones | Cliente Interno |
| Proceso de Producción | Transformación de las materias primas en | Asegurar el cumplimiento de todos los controles para obtener un producto | Gerente de Operaciones | Cliente Interno |

| | productos y o servicios terminados (Cadena de Valor) | final planificado (Ecológico) | | |
|---|---|---|---|---|
| Proceso de control y calidad | Garantizar una buena higiene y control del producto que se va a vender | Brindar un producto de calidad de acuerdo a las normas de seguridad, salud e higiene; garantizando un producto final adecuado. | Gerente de Operaciones | Cliente Interno |
| Proceso administrati vo y comercial | Ejecución de planes o programas y políticas comerciales de la organización | Llevar todos los controles administrativos y actividades comerciales encaminadas a fortalecimiento del proyecto | Gerente administrativ o y comercial | Cliente Interno |
| Proceso de Marketing | Actividades encaminada s a dar a conocer la marca y generar fidelidad | Crear una imagen de producto saludable para nuestros clientes | Gerente administrativ o y comercial | Cliente Externo |
| Proceso de logística y abastecimi ento | Conocer los tiempos en los que se espera obtener los suministros de materia prima y a su vez saber el tiempo de entrega de producto al cliente | Saber los tiempos adecuados en los cuales se obtendrá la adquisición y entrega del producto al cliente final. | Gerente de Operaciones<br><br>Gerente administrativ o y comercial | Cliente Interno<br><br>Cliente Externo |

| Entradas | Indicadores (Entradas) | Inicio | NOMBRE DEL PROCESO | Fin | Salidas |
|---|---|---|---|---|---|
| Polluelos, Insumos | Abastecimiento de polluelos e insumos | envío de pedidos a los proveedores | Suministro de materia prima | incorporación de polluelos en e insumos del proceso productivo del proyecto | Documentar cantidad de Gallinas para descarte |
| Proceso de reclutamiento personal | Expedientes con calidad requerida (Nivel académico) | Lanzamiento de la oferta laboral publica y Selección de expedientes | Reclutamiento personal | Contratación de personal técnico y administrativo para ocupar trabajos de la granja | Encontrar el personal adecuado para las actividades requeridas |
| Compras | Coste y cantidad del pedido conforme/ especificaciones según la calidad de polluelos solicitados | Recepción de los pedidos aprobados | Compra de polluelos | Recepción conforme del producto adquirido | Gallinas dispuestas a ser vendidas |
| Control de Calidad y Ambiental | Verificar todos los permisos de calidad y medio ambiente | Asegurar la ejecución de los sistemas de inocuidad y ambiental | Control y aseguramiento de la calidad | Aplicación de los sistemas de calidad | Cumplir con los requisitos de calidad y medioambiental (Normas ISO) |

Fuente: diseño propio

- ➢ **Confección del mapa de procesos (Diagrama de flujo de la granja): Estructura del plan de operaciones del proyecto granja ecológica Industria "CORAL", Corporación Alimentaria; Bata, República de Guinea Ecuatorial**

Al diseñar el proyecto **GRANJA ECOLOGICA Industria CORAL, Corporación Alimentaria,** se tiene en mente desarrollar la planta para la producción de huevos y gallinas ecológicos en la ciudad de Bata, mediante la implementación de una granja a escala media, sobre un terreno de 10.000 metros cuadrados; concretamente en el barrio de NTOBO 7, carretera Bata-Mbini.

El plan de operaciones o Plan de Producción Ecológica resume todos los aspectos técnicos y organizativos que conciernen a la elaboración de los productos. Contiene cuatro partes:

- El producto y sus atributos, características internas(gusto) y externas (presentación o diseño, embalaje (proceso de empaquetado), logotipo, nombre comercial o marca)

- **Procesos y procedimientos de producción:** cadena de actuaciones a la que se le crea utilidad, maquinaria a utilizar y tecnologías de producción

- **Programas de producción:** capacidad máxima y mínima de producción en unidades físicas de gallinas y huevos, control del impacto medioambiental

- Localización de la Planta Productiva, para minimizar algunos costes (NTOBO 7)


**Con el desarrollo de este proyecto se pretende producir:**
- Huevos fértiles o huevos embrionarios, obtenidos a base de gallinas rurales, con un contenido proteico muy alto
- Carne de gallina
- Pienso casero
- Estiércol de gallinas para servir de abono en la agricultura


La unidad de producción se dedicará a la explotación de huevos y gallinas de primera calidad y carne de gallina, los cuales, posteriormente se comercializarán a nivel de distribuidores **(MERCADO MAYORISTA, MERCADO Y VENTA EN DETALLE).**

El huevo de la gallina, especialmente destinado a la alimentación humana, contiene muchas proteínas y varios nutrientes esenciales. Los estudios nutritivos sugieren que su consumo se asocia con una mejora de la calidad de la dieta y una mayor sensación de saciedad tras las comidas, y que esto podría estar relacionado con un mejor control del peso corporal. Además, la yema de huevo contiene sustancias que pueden prevenir el deterioro de la vista a causa de la edad. Un huevo de gallina pesa en promedio unos 60 gramos y está compuesto por la cáscara (11%), la clara (58%) y la yema (31%). La clara está formada principalmente por agua (88%) y proteína (9%), mientras que la yema contiene básicamente agua (51%), grasa (31%) y proteína (16%). Los nutrientes claves presentes en los huevos, la vitamina D, vitamina B12, folato y selenio.

Principalmente, los productos a obtener con el desarrollo del proyecto son la gallina rural o ecológica y huevos fértiles, que presentan un alto valor nutritivo principalmente como fuente de proteína, según se refleja en esta tabla:

**Tabla 19:**

**Principales nutrientes presentes en el huevo de gallina.**

|  | Todo el huevo (por 100g) | Clara (por 100g) | Yema (por 100g) |
|---|---|---|---|
| **Agua (g)** | 75'1 | 88'3 | 51'0 |
| **Proteína (g)** | 12'5 | 9'0 | 16'1 |
| **Grasa (g)** | 11'2 | Trazas | 30'5 |
| **Vitamina A (µg)** | 190 | 0 | 535 |
| **Vitamina D (µg)** | 1'8 | 0 | 4'9 |
| **Equivalentes de niacina (mg)** | 3'8 | 2'70 | 4'8 |
| **Vitamina B12 (µg)** | 2'5 | 0'1 | 6'9 |
| **Folato (µg)** | 50 | 13 | 130 |
| **Selenio (µg)** | 11 | 6 | 20 |
| **Zinc (mg)** | 1'3 | 0'1 | 3'1 |
| **Yodo (µg)** | 53 | 3 | 140 |
| **Magnesio(mg)** | 12 | 11 | 51'0 |

Fuente: INPAGE-ECA, (2010).

En definitiva, el proyecto pretende producir gallinas y huevos ecológicos, libres de contaminantes y de químicos. Las gallinas estarán compuestas de distintas razas conocidas, las cuales podrán mezclarse con los gallos para obtener otras razas afines de conseguir una planta de producción ecológica sustentable, rentabilizando la economía del proyecto.

**Descripción del local y distribución en planta**

El proyecto CORAL, se ubica en la calle NTOBO KM 7, carretera Bata-Mbini, a unos 500 metros de la carretera principal; sobre un terreno de 10.000 metros cuadrados (una hectárea).

El emplazamiento dispone de red eléctrica y un rio para poder abastecer los animales.

La construcción de los galpones se hará con material permanente y semipermanente; entre tanto que las oficinas, el laboratorio el almacén y la línea de producción, serán de material permanente (cemento).

- El área de administración (oficinas administrativas), cubrirá una superficie de 100 metros cuadrados (5 compartimientos de unos 20 metros cuadrados)

- El almacén de materias primas y otros insumos, y la línea de producción ocuparían una superficie de 1000 metros cuadrado

- El laboratorio de análisis y control de calidad ocupará una superficie de 49 metros cuadrados

- Se construirán 10 galpones de 20 metros cuadrados cada uno para albergar 1029 aves

- El almacén de productos terminados, cuya cámara tendrá una capacidad de hasta 2000 cajas, ocupará un espacio de 1000 metros cuadrados y será equipado con maquinaria frigorífica

- Se reservará un espacio de 2500 metros cuadrados para el parking de vehículos de carga y descarga, etc.

- Se prevé construir un pozo, así como la conexión de la red eléctrica de la zona. El coste total de las instalaciones es de 10.000.000 F.CFA (aproximadamente 15.000 EUR)

**proceso de producción de huevos y gallinas**

El Proceso de producción de Huevos y gallinas ecológicas se estructura en las siguientes fases:

❖ *Fase de adquisición de pollitos*

En esta fase, se realiza la compra de pollitas en los establecimientos de los proveedores, tanto dentro como fuera del País (Camerún, Costa de Marfil). Según las previsiones realizadas en la fase de Plan de Empresa, el stock inicial será de 1029 aves: 980 hembras y 49 machos

❖ *Fase de crecimiento (alimentación, tratamiento preventivo y curativo)*

Es la fase del desarrollo de los animales. En ésta, se realizan todas las actividades tendentes a mantener el buen desarrollo de las gallinas: alimentación adecuada, tratamientos preventivos y curativos de los animales, control de plagas, preparación para la fase de postura. Para ello se tiene:

- Alimentar a las aves, vigilar el adecuado funcionamiento de los bebederos, la calidad del agua y controlar los cambios de temperatura, para asegurar el bienestar de las aves
- Obtención del crecimiento corporal
- Administrar las vacunas necesarias y el control de plagas
- Producción de plumas
- Producción de carne de gallina y/o huevos para bandejas.

❖ Fase de postura o fase de producción e incubación de huevos.
  En esta fase, las gallinas alcanzan el momento para poner huevos y/o producir carne de gallina, idónea para la dieta alimenticia.

❖ Fase de sacrificio o fase de matanza. En esta fase, se desarrollarán todas las actividades que permitirán obtener los productos (gallinas sacrificadas en los lotes o cajas)

❖ Fase de control y certificación de calidad, registros y contabilizaciones: se realizarán el análisis bromatológico, microbiología y parasitología de los animales. Además, el análisis sensorial de huevos y carne de gallinas, para medir la calidad de los mismos, será de suma importancia

❖ Fase de empaque y almacenamiento, en ella se realizan los empaques necesarios con plásticos preparados por el proyecto, con la marca CORAL en los paquetes asi como los registros de componentes o nutrientes que ofrecen tanto los huevos como la carne de gallina ecológica

❖ Fase de comercialización, es la fase de venta a los consumidores. La venta se realizará directamente a los consumidores finales (puntos de venta en lugares estratégicos), y por medio de intermediario comerciales: pequeños establecimientos en los mercados y las abacerías de los expatriados.

A continuación, se inserta el mapa de procesos:

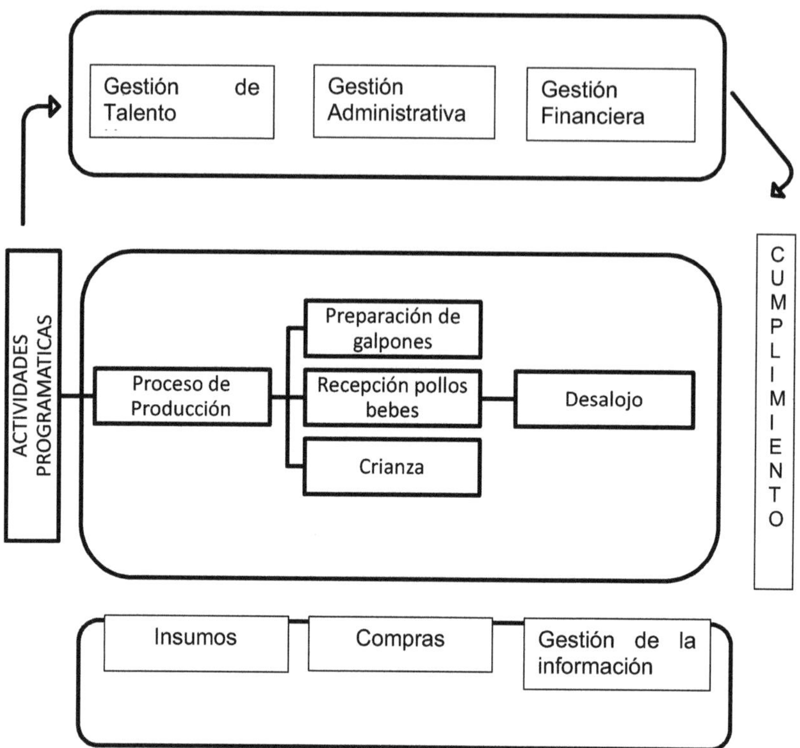


Fuente: elaboración propia

➢ **Proceso de producción gallinas de engorde**

La crianza de gallinas requiere de mucha atención y cuidados, por esta razón antes de iniciar a criar gallinas es necesario realizar una buena limpieza en el galpón en el cual los trabajadores conjuntamente con el supervisor serán los encargados de cumplir todas las actividades. A continuación, se muestra el flujograma del proceso:

Tabla 20

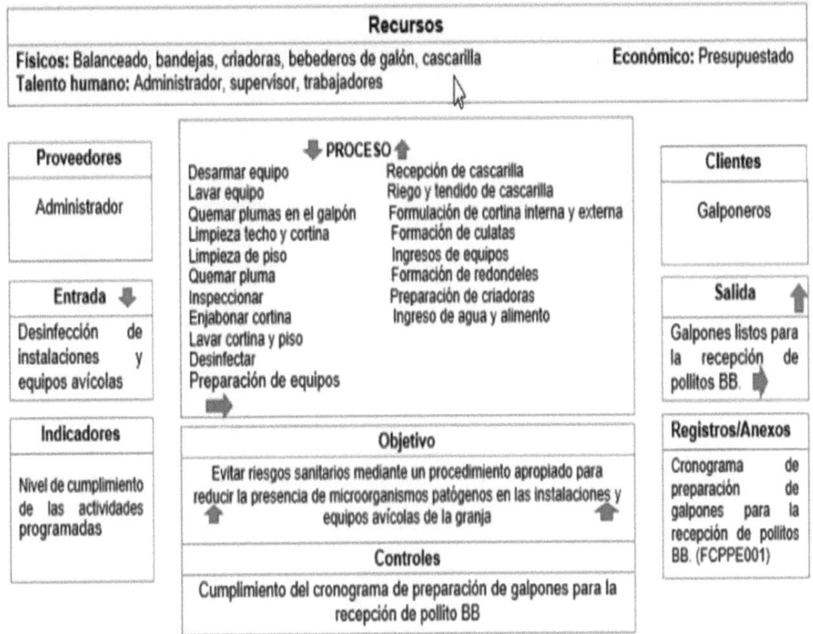



Fuente: extraído de la asignatura plan de empresa (FUNIBER)

## Proceso de gestión de la información

Administrar la información de la granja para la adecuada comunicación dentro de la misma

Figura 3:

Procesos de gestión de información

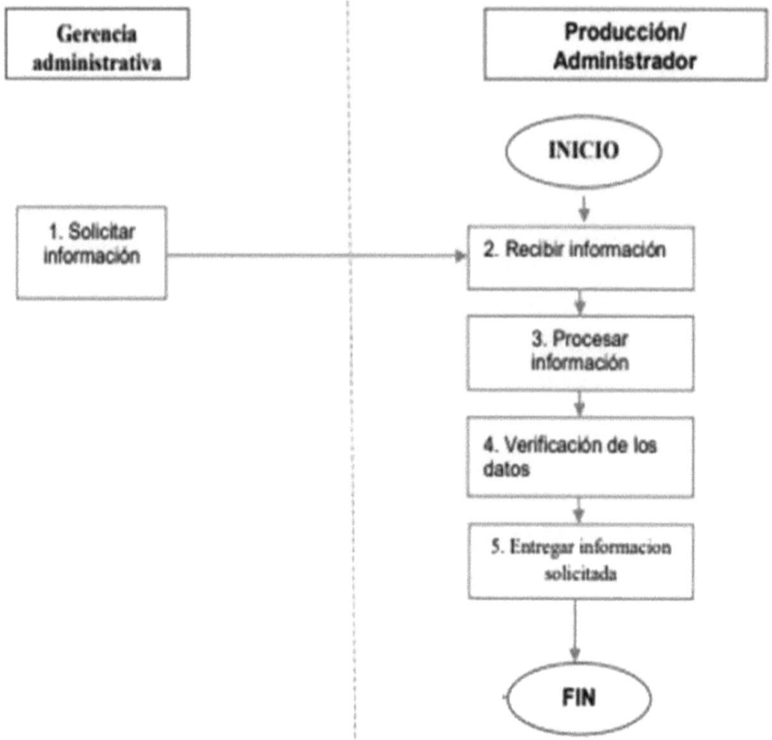


Fuente: extraído de la asignatura plan de empresa (FUNIBER)

**Proceso de adquisición de recursos.**

Realizar las compras necesarias para evitar desabastecimiento de los insumos necesarios para la producción.

Figura 4

Adquisición de recursos

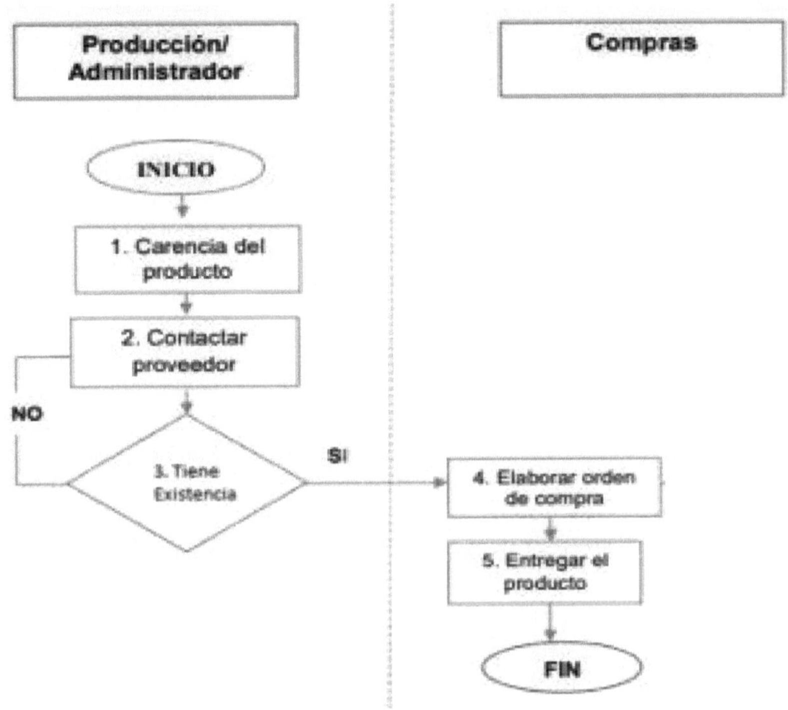


Fuente: extraído de la asignatura plan de empresa (FUNIBER)

**Proceso de comercialización (desalojo)**

Despachar las gallinas a la procesadora al final de la crianza, en condiciones óptimas, asegurándose de satisfacer los requerimientos del procesamiento y del departamento comercial

Proceso de comercialización

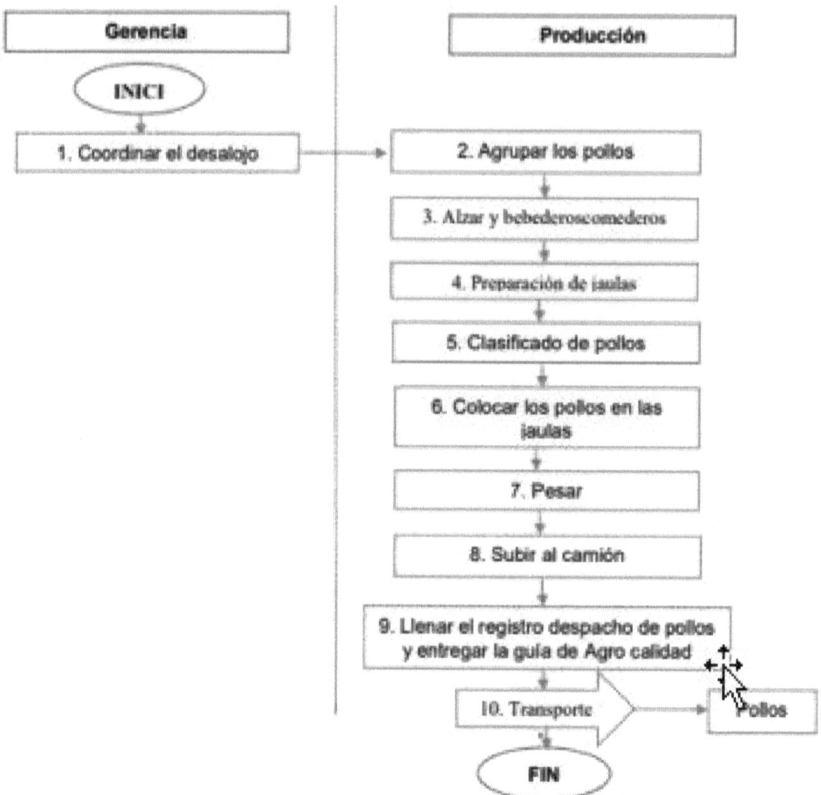


Fuente: extraído de la asignatura plan de empresa (FUNIBER)

A continuación, se inserta el resumen que integra el mapa de los procesos arriba descritos.

**Figura 6:**

Mapa de procesos

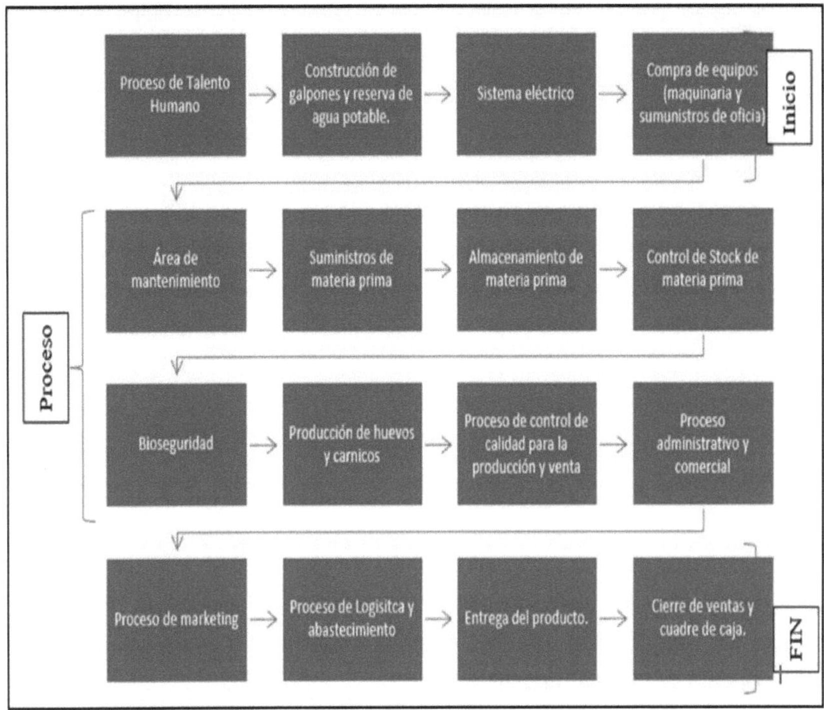


Fuente: extraído de la asignatura plan de empresa (FUNIBER)

**proceso productivo interno.**

Con el diseño de este plan, pretendemos empezar con:

➢ 980 gallinas rurales, llamadas gallinas ecológicas, cuyo fin es que sean ponedoras, para obtener huevos fértiles que, con la utilización de **incubadoras,** puedan incubarse para así aumentar la velocidad de producción de gallinas manteniendo un ritmo acelerado. El objetivo es reducir el tiempo de puesta y de incubación

➢ 45 gallos rurales para parearse con las hembras afín de provocar la producción de huevos

➢ Los huevos de las gallinas tradicionales denominados huevos fértiles, se llevarán a la incubadora para aumentar el número de estas especies y luego vender estas gallinas en el mercado, una vez alcanzado un cierto tiempo reproduciendo.

Todos esos aspectos requerirán la adquisición de hacedores, criadoras, incubadoras, etc.

El proceso productivo de gallinas se acelerará durante el segundo año (2025), para que, en el tercer año, se pueda entrar en la etapa de la comercialización o ventas. Durante el desarrollo de la empresa, se pretende alcanzar la incubación de 1000 huevos/mes (mediante la utilización de incubadoras), Una vez alcanzada esta cantidad, se pretenderá vender el 75% tras haberlas engordados juntamente con sus machos, los cuales se enviarán al mercado. Con el plan diseñado, se podrá alcanzar una producción mensual de 5.000 huevos y 60.000 huevos al año. La previsión de ventas a partir de tercer año se refleja en la tabla de presiones de ingresos.

Para hacer efectiva la operación anterior, el proyecto adquirirá una maquina desplumadera y otra para la paquetería **(embalar gallinas en pequeñas bolsas con inscripción de "Industria CORAL").**

En el aspecto de la alimentación para la nutrición de las aves, se procederá a la adquisición y/o fabricación de pienso; así como la adquisición de malta y soja en la industria **SOEGUIBE o en Camerún, según los costes,** para el engorde de las gallinas y gallos que se destinarán a la venta.

En este sentido, el proyecto adquirirá una maquina fabricante de PIENSO. También la soja se adquirirá en Camerún a gran escala. Los alimentos nutritivos serán:

➢ Maíz que se plantará en los alrededores de la granja según las especies de maíz elegidas (especie tradicional o de color amarillo procedente de Camerún), o se adquirirá en KIE- OSSI (Camerún)

➢ Soja, se adquirirá en OSEGUIBE o Camerún, ya sea en KIE-OSSI como en Douala

- ➤ Arroz, se adquirirá en los almacenes de MH

- ➤ Malta de cebada, se adquirirá en SOEGUIBE (Puerto de Bata)

- ➤ Arachide o cacahuete, se adquirirá en Camerún, concretamente en Douala o KIE-OSSI

Todos estos alimentos, que necesitan la adquisición de una maquina molinera monofásica, para moler los cereales, contribuyen:

- ➤ Al engorde de gallinas ecológicas o rurales.

- ➤ A la aceleración del ritmo de producción de huevos por parte de las gallinas rurales

- ➤ A la producción de huevos de buena calidad.

- ➤ Resto de panes sobrantes en las panaderías

- ➤ Tubérculos, bambuchas secadas y Palmiste, así como hojas de patatas (comida casera).

Y para mantener la salubridad y la buena nutrición de los animales, se trazará un programa de estudio para detección de enfermedades, curación de las mismas o aplicación de las vacunas, por medio de un técnico veterinario.

El presente plan tiene como finalidad INSTALAR una unidad de producción AVÍCOLA de modalidad ecológica. Para ello se dispondrá de un área de 10.000 m2. Parte de este espacio se utilizará para la producción agrícola de hortícolas (tomates, legumbres o verduras, picantes, gombos, etc.), maíz, tubérculos, plátanos, etc.

El plan de trabajo para el ciclo productivo contempla las siguientes actividades:
a) Construcción de galpones.
b) Cerco y divisiones del espacio
c) acometida y divisiones eléctricas.
d) Limpieza de galpón y desinfección
e) Colocación de cama de concha de arroz
f) Instalación de comederos y bebederos.

g) Compra de insumos (alimentos, vacunas y medicamentos).

h) Compra de gallinas y gallos ecológicas (en al menos 5 a 6 especies diferentes).

i) Labores de vacunación.

j) Labores de preparación y suministro de alimento.

k) Labores de recolección de huevos y empaque.

➢ **Construcciones, edificaciones y equipos usados en la producción de Gallinas y huevos.**

* **Galpón o nave** tendrá una dimensión de 10 m de largo por 5 m de ancho con altura central y lateral de 4.5 m y 3.5 m respectivamente, con farola doble o sobre techo central para ayudar en la disipación de vapor y gases (amoniaco) producido por las deyecciones de las gallinas. Estas dimensiones están especificadas para albergar en total alrededor de 1.250 gallinas en cada galpón. Al principio, se construirá un total de 10 galpones

* **Mallas:** 2 rollos de mallas de alambre eléctrico soldadas en rollos y paneles con alambres desde calibre 16 hasta calibre 6.

* **Comederos:** Se instalan comederos colgantes, a propagación de 1:30, el alimento es repartido manualmente a cada uno de los comederos por los trabajadores, con el fin de ahorrar energía eléctrica.

* **Bebederos:** Opera en forma similar a los comederos automáticos y se usa los de tipo PLASSON, con capacidad para 70 gallinas cada uno, en total se requieren 100 bebederos por galpón.

* **Nidos:** Nidos manuales para gallinas en periodo de postura

* **Tanques plásticos con agua:** Tanques con capacidad para 500 a 1000 litros.

* **Depósito:** Depósito de 40 m$^2$ con el fin de almacenar los separadores, cajas y huevos, aparte de llevar la contabilidad de la producción.

* **Acometida eléctrica:** Conformada por postes que llevarán la energía eléctrica hasta el interior de la granja (para toda la planta), se trazará una acometida de luz con todos los accesorios necesarios para poner en funcionamiento los equipos eléctricos como bomba de agua, bombillas y otros equipos electrónicos.

* **Oficina adtva:** Una oficina de 100 m2

* **Laboratorio:** Un laboratorio de 25 m2

- **Sala de reuniones:** Una sala de reuniones de 36 m2
- **Cerco perimetral:** Un cerco que sirva de barrera perimetral de 100 m de longitud y 3 m de altura con chapas de zinc y columnas cortadas de los árboles de bosque.
- **Letrinas:** Para empleados, administradores y visitantes de 25m2
- **Una camioneta:** Toyota Hilux 4x4, será necesario para el transporte de los materiales y productos a comercializar

**construcción de una planta industrial para el tratamiento técnico y seguridad alimentaria: Otros productos aptos para el consumo humano**

De acuerdo **al Plan de Industrialización de GE, PEGI-2035**, el proyecto pretende extender sus operaciones a partir de su sexto año de funcionamiento construyendo una planta industrial agroalimentaria para el tratamiento industrial de los productos agrícolas.

Este programa industrial incluirá las siguientes fases:
- *Producción y almacenamiento de materias primas*
- *Elaboración, transformación, preparación y conservación*
- *Envasado de los alimentos de consumo humano y animal.*

**El proceso a seguir es:**

- *Proceso de fabricación*
- *Proceso de manipulación*
- *Proceso de almacenamiento*
- *Proceso de extracción*
- *Procesos de elaboración (cocción, destilación, secado y fermentación)*
- *Procesos y métodos de conservación*

## 6.2. Aspectos legales del proyecto

Para el funcionamiento adecuado del negocio en Bata, es necesario formalizar y regularizar todos los aspectos legales, atendiendo a los requerimientos de la

Administración. Los gastos de constitución son de tipo jurídico, y atienden a la naturaleza del negocio. Para ello, para documentar jurídicamente nuestro negocio, pasaremos por etapas que son: ***Periodo de redacción de los estatutos del proyecto/empresa, trámites administrativos, periodo de registro empresarial y obtención de diferentes autorizaciones administrativas.***

Según nuestro Ordenamiento Jurídico en materia mercantil y fiscal, la empresa se configura como un sujeto de imputación de derechos y de obligaciones, por lo que es necesario determinar aquella forma jurídica que mejor se adapte a sus necesidades.

Para que un proyecto de empresa alcance su personalidad jurídica propia se debe realizar una serie de trámites necesarios para adquirirla; es la constitución de la sociedad; acto formal por el que se crea esa entidad jurídica, independiente de la personalidad del promotor o socios, que será la titular de la futura empresa.

Los trámites administrativos y mercantiles tienen su origen en la redacción de los estatutos de la futura sociedad; ya que, con ese documento, se puede registrar la empresa en cualquier entidad pública del Estado.

En lo que concierne a la empresa Industria "CORAL", Corporación Alimentaria, los trámites administrativos para la obtención de las correspondientes autorizaciones administrativas y mercantiles, se harán en la Oficina de la Ventanilla Única Empresarial (VUE), para la obtención de: Estatutos legalizados, NIF. La forma jurídica adoptada será la Sociedad Limitada, cuyos socios son: Julian ABAGA NCOGO, Restituto Nsa Micó, Bonifacio Ondo Nsue.

En el segundo plano, el Proyecto pretende solicitar del Ministerio de Agricultura, Ganadería, Bosque y Medio Ambiente la correspondiente Autorización Administrativa de Funcionamiento; y será registrado en el Instituto de Promoción Agropecuaria de GE (INPAGE), para obtener el correspondiente Documento de Aprobación, Verificación y Certificación Veterinaria. Dentro de este orden de ideas, el Proyecto solicitará del Fondo de las Naciones para la Alimentación y la Agricultura la correspondiente Verificación Veterinaria y Alimenticia. Todo ello con el objetivo de certificar la observancia de las normas de calidad y la salubridad de los productos ofrecidos por el Proyecto.

Tras la implementación de la empresa, se diseñará un plan de solicitud de asesoramiento, apoyo técnico y financiero a organismos públicos y privados, así como a personas físicas.

Entre estos organismos figura INPAGE, FAO, EG LNG, DIRECCION GENERAL DE AGRICULTURA Y ALIMENTACION, INSTITUCIONES FINANCIERAS, EMPRESAS PUBLICAS Y PRIVADAS Y CONSORCIO DE EMPRESAS, CAMARA DE COMERCIO.

La solicitud de apoyo a **FAO** estará en base al marco de su **"Programa de Desarrollo de la Avicultura Familiar en Guinea Ecuatorial" UTF/EQG/007/EQG.** A través de este programa la FAO apoya y asiste técnicamente a iniciativas agrícolas y ganaderas en nuestro País. Nuestra solicitud consistirá en pedir al Organismo el suministro de materiales, insumos, medicamentos para animales y asesoramiento para técnicas de elaboración de pienso y manejo de las medidas de bioseguridad para una granja avícola-animal y la transformación industrial de los productos hortícolas; y, sobre todo, el manejo de un laboratorio de bromatología, microbiología y parasitología Alimentaria etc.

**EGLNG** como empresa petrolífera que opera en nuestro País, y que apoya las iniciativas públicas y privadas con su **"Programa de Apoyo a Iniciativas de Desarrollo de GE, en su Contenido Nacional"**, el proyecto solicitará de esta empresa el apoyo logístico, material y/o financiero.

**El INPAGE**, como Organismo dependiente del Ministerio de Agricultura y Ganadería, que promociona la agricultura y la ganadería en el País, el proyecto se dirigirá a este Instituto para solicitar insumos, asesoramiento y apoyo técnico y a la formación técnica de los gerentes en materia agropecuaria

## 6.3. Diseño del organigrama funcional para la administración del proyecto. Estructura y funcionamiento del órgano de administración del proyecto.

**Órganos de Dirección: Gerencia**

☐ **Dirección Gerente**, al frente de la empresa habrá un Director Gerente (mando ejecutivo), quien coordinará todos los servicios internos y externos de la empresa. Será el apoderado o Autoridad Máxima de la sociedad. Su Perfil académico, competencias y atribuciones vendrán redactados en los Estatutos.
El Director Gerente será asistido de una Secretaría Administrativa y una Asesoría Jurídica

☐ **Dirección de Producción y Comercialización**

Este Departamento estará asegurado por un Director de Producción y Comercialización. Las distintas secciones de este Departamento serán:
• <u>Responsable de Operaciones</u>, Responsable de Estudios, Diseño y Control de Proyectos, encargado de Apoyo a las Actividades de Producción Agroalimentaria.
• <u>Responsable de Laboratorio</u>, encargado de Análisis de Síntesis e Investigación científica y tecnológica (Laboratorio de Bromatología, Microbiología y parasitología alimentaria)
• <u>Responsable Logístico</u>, encargado de Mantenimiento de las Instalaciones industriales
• <u>Jefe de explotaciones agrícolas</u>, encargado de seguimiento y control de producción agrícola (encargado de las plantaciones agrícolas)
• <u>Jefe de Marketing y Promoción de Ventas</u>, encargado de publicidad y distribución de los productos en el mercado.

☐ **Dirección Financiera**; esta dirección estará dirigida por un Responsable Financiero, quien asegurará las tareas financieras, encargándose del control de los flujos de tesorería. Será apoyado por un Asistente Contable.

☐ **Dirección Técnica y Desarrollo Organizacional**, encargada de personal, estará asegurada por un Responsable Técnico Organizacional, encargado de personal, y control y diseño de las Estrategias Administrativas.

## 6.4. Previsión de mano de obra técnica y administrativa

Para el funcionamiento de la empresa en su fase de inicio, se pretende contar con la mano de obra técnica, a través de los egresados de la ECA, escuela Cóndor y de algún técnico de INPAGE. Al inicio, la contratación será a titulo parcial, con contratos de prestación de servicios externo. Una vez consolidada la sociedad (en un periodo de 2 años, según las previsiones), se pasará a la contratación definitiva para llenar la plantilla del personal de la empresa.

## 6.5. Inicio de actividades proyectuales

En el inicio de este proyecto, se elaborarán previamente las siguientes documentaciones, que constituirán los planes subsidiarios de la nueva empresa:

- Plan de gestión del alcance del proyecto (requerimientos/requisitos y partes interesadas del proyecto)
- Plan de gestión del cronograma de las actividades iniciales (crear las EDT/WBS)
- Plan de gestión de costes y de control de calidad/verificación del grado de cumplimiento de las actividades
- Plan de gestión de RRHH (contratación de personal para la realización de las distintas actividades programadas para el inicio del proyecto)
- Plan de gestión de las comunicaciones (documentos, vías de comunicación con proveedores, clientes, etc.)
- Control del plan de gestión de riesgos que conlleva el proyecto
- Plan de gestión de compras/adquisiciones

El ciclo de vida de todo proyecto de empresa se estructura en torno a cinco fases: inicio, planificación, ejecución, seguimiento o control y cierre; por lo que, la fase de inicio de esta actividad será crucial en el ciclo de vida del proyecto/empresa, ya que es el momento en que definiremos el alcance y proceder a la selección del equipo.

Sólo con un ámbito claramente definido y un equipo especializado, podremos garantizar el éxito. Además, nos será el momento de compartir la visión con los financiadores y buscar su compromiso y apoyo.

En este sentido, se tendrá en cuenta las siguientes tareas:

* *investigar opciones y oportunidades.*

* *identificar las soluciones disponibles y cuantificar los beneficios y costes de cada solución.*

* *recomendar una solución optimizada.*

* *identificar los riesgos y los problemas que pueden surgir durante la ejecución.*

* *presentar la solución para la aprobación de la financiación.*

* *identificar la visión y los objetivos del proyecto y definir su alcance.*

* *enumerar todos los entregables críticos del proyecto.*

* *indicar los clientes y partes interesadas.*

* *enumerar las principales funciones atribuibles a cada rol y sus responsabilidades.*

* *crear una estructura organizativa para la empresa.*

* *documentar el plan general de ejecución.*

* *Tener presente la lista de los riesgos, los problemas y supuestos.*

* *investigar la opción de proyecto recomendada en el punto anterior.*

* *documentar los requisitos.*

* *identificar todas las posibles alternativas y revisar cada una para determinar su viabilidad.*

* *estudiar los riesgos y los problemas que cada solución conlleva y escoger la que se implementará, documentando los resultados en un informe de viabilidad.*

* *crear un organigrama detallado, definiendo el propósito real de cada función.*

* *enumerar las principales responsabilidades y competencias, enumerando las habilidades y experiencia necesarias y fijando los criterios clave de rendimiento.*

- *identificar el salario y las condiciones de trabajo.*

- *establecer a quién debe reportar cada miembro del equipo.*

### Planificación de las primeras actividades del proyecto: <u>implementación de la empresa</u>

Cada actividad del proyecto es planificada, evaluada con anterioridad afín de conocer los riesgos y los resultados esperados. Para ello, se procede a:

- *crear la estructura de desglose del trabajo.*

- *Desarrollar el diagrama de red.*

- *Determinar las necesidades de recursos.*

- *Determinar los presupuestos necesarios*

- *Reflejar la organización del proyecto.*

- *Especificar la metodología de control y gestión del cambio.*

- *Definir las limitaciones del proyecto, los supuestos y los riesgos.*

- *Crear un plan de comunicación.*

- *Proporcionar un plan de gestión de la calidad.*

- *Desarrollar un plan de adquisiciones.*

- *Listado de los grupos de interés de comunicaciones.*

### <u>Ejecución de las actividades del proyecto</u>

- *Asignar paquetes de trabajo asociados a cada actividad a los responsables del proyecto*

- *coordinar actividades y recursos*

- *monitorizar el consumo de presupuesto, tratando de economizar y sin superar las previsiones planeadas, llevando a cabo un control de gastos adecuado.*

- *Racer un seguimiento del uso de los recursos*

- *Detectar desviaciones: partiendo del seguimiento, esta detección será posible en condiciones suficientes para implementar una solución que dé respuesta a los problemas que las originaron. lo más importante es el tiempo de reacción, que sea suficiente para garantizar el margen de respuesta.*

- *Controlar la relación entre tiempo consumido y proporción de proyecto completado*

**Una vez conseguida la financiación, la secuencia de las actividades será la siguiente:**

- *Delimitación del terreno que albergará las instalaciones del proyecto por 10.000 $m^2$*

- *Adquisición de herramientas para la limpieza del terreno (chapeo). Para ello, los materiales a adquirir serán: Machetes, limas, STHIL, palas, picos, azadas, carretillas, trajes de trabajo*

- *Limpieza general del terreno, mediante la contratación de destajistas*

- *Prospección del terreno, por medio de un técnico agropecuario y un técnico en construcción*

- *Trazado manual de la carretera que dará acceso al lugar de las instalaciones, para el paso de los vehículos.*

- *Adquisición de materiales para la construcción de planteles o naves, oficinas, almacenes, laboratorio y otros compartimentos que sirvan de base para el proyecto; instalación eléctrica y de agua: Para ello se requerirá la contratación de técnicos constructores, bajo la supervisión de un técnico veterinario*

- *Instalación y amueblamiento de la oficina administrativa*

- *Elaboración de manuales de control de los distintos costes de producción, así como los costes de manteniendo de las instalaciones y costes administrativos*

- *Elaboración de fichas de evaluación de cada actividad*

- *Apertura de los libros contables*

- *Instalación y amueblamiento de un laboratorio*

- *Instalación y amueblamiento de un almacén para el abastecimiento de materiales adquiridos*

- *Contratación de un técnico agropecuario para la formación del personal destinado al manejo de las gallinas y cerdos*

- *Reclutamiento y formación técnica del personal que prestará sus servicios para atender a las gallinas*

- *Establecimiento de mecanismos de consecución de suministros de materiales a bajo coste: insumos, pienso, materiales destinados a las gallinas, como bebederos, comederos, etc.*

- *Búsqueda de proveedores dentro y fuera del país. En caso de ser fuera del País, el socio-promotor (Julian ABAGA NCOGO) viajará a distintos países para esa gestión y aprovechará recibir formación sobre la crianza de animales. En el interior del País, se creará una red de proveedores de materiales y alimentos; esa red aglutina a panaderías, restaurantes, vendedoras de productos HORTÍCOLAS del mercado. También se contará con SOEGUIBE para adquirir malta de cebada, que es un producto útil para el engorde de los animales ya que contiene vitaminas, proteínas, hierro y azucares. Servirá para fabricar pienso*

- *Adquisición de la primera tanda de gallinas de distintas razas, dentro y fuera del país.*

- *Adquisición de maquinaria para la fabricación de pienso, incubaciones de huevos, maquina criadora y desplumadero etc.*

- *adquisición de un vehículo para el transporte de los materiales del proyecto.*

- *contratación de un conductor para dicho servicio*

- *Seguimiento y control de todas las demás actividades del proyecto*

- *Gestión diaria de los alimentos destinados a los animales, calculando los costes de alimentación y mantenimiento de estos animales.*

- *Adquisición de otros materiales necesarios para el avance del proyecto*

- *Solicitud de apoyo técnico en Instituciones como **INPAGE, FAO, EG LNG, etc.***

- *Gestionar las estrategias de producción para el alcance máximo, mejorando la productividad y la eficiencia*

- *Establecer las estrategias de ventas de los productos en los mercados, los canales de distribución y de comercialización eficientes y rentables para el proyecto*

- *Seguir con la gestión hasta el tercer año del proyecto. Tras este periodo, se constituirá un consejo de administración que será responsable de la gestión hasta el quinto año del proyecto, según estipula este documento. Dado este tiempo, si se consigue la rentabilidad del negocio, de tal manera que podamos ser líder en el sector, este proyecto se convertirá en una empresa nacional agroalimentaria, dedicada a la producción de aves, huevos y otras actividades agroalimentarias que permitan mejorar la técnica de producción de los alimentos, La diversificación de la misma y la mejora en el consumo de los ecuatoguineanos. De esta manera se conseguirá la seguridad alimentaria en nuestros mercados con programas de producción de otros alimentos como harinas, zumos, azúcar, leche, jabón, tomate enlatado, etc.*

**El plan de trabajo por el ciclo productivo contempla las siguientes actividades:**

l) *Construcción de galpones.*
m) *Cercado y divisiones del espacio*
n) *acometida y divisiones eléctricas.*
o) *Limpieza de galpón y desinfección*
p) *Colocación de cama de concha de arroz*
q) *Instalación de comederos y bebederos.*
r) *Compra de insumos (alimentos, vacunas, y medianas).*
s) *Compra de gallinas y gallos ecológicos o rurales.*

*t) Labores de vacunación.*

*u) Labores de preparación y suministro de alimento.*

*v) Labores de recolección de huevos y empaquetado.*

*w) Transformación de tubérculos y maíz en harina casera*

*x) Laboratorio alimentario*

*y) Labores de comercialización.*

En definitiva, el presente plan de negocios tiene como finalidad instalar una unidad de producción AVÍCOLA en la ciudad de Bata. Se desea construir una planta productiva para la obtención de huevos y gallinas que serán comercializados en los mercados. Para ello, se dispone de un área de 10.000 m2 de finca rustica, situada en el barrio de NTOBO km 7

## 7. PLAN ECONOMICO Y FINANCIERO

### 7.1. Plan de inversiones y de financiación

Si en los apartados anteriores de este plan, el objetivo estriba en la determinación del conjunto de medios necesarios para la puesta en marcha del proyecto de empresa, el plan económico-financiero pretende traducir en términos monetarios, los elementos antes desarrollados, lo que permitirá verificar la viabilidad o no del proyecto por parte de los financiadores, así como descubrir eventuales necesidades de financiación externa.

El Plan de Inversiones incluye el conjunto de actividades a realizar por el proyecto para poder desarrollar la idea que se propone en este plan. Éstas pueden ser de dos clases, inversiones a largo plazo (de activo fijo o inmovilizado) e inversiones a corto plazo (activo corriente o circulante/ realizable).

Las inversiones fijas incluyen el inmovilizado material (terrenos, construcciones, instalaciones, maquinaria, mobiliario y elementos de transportes) y el inmovilizado inmaterial (patentes, marcas, concesiones administrativas, etc.)

El Plan de inversiones se refleja en el balance de situación inicial del negocio. Por lo que, según las adquisiciones presupuestadas por el Proyecto CORAL, el Balance de inversiones iniciales de este proyecto es el siguiente:

**Inmovilizados o activos fijos del proyecto:**

Los bienes que conforman la flota de inmovilizados del proyecto, y que se especifican en cuentas contables del siguiente balance, se materializan en los siguientes elementos:

- *Un vehículo TOYOTA HILUX*
- *Dos incubadoras de huevos con capacidad de 120 huevos cada una*
- *Un desplumadero con capacidad de desplume de 60 gallinas/hora*
- *Cincuenta bebederos*
- *Cincuenta comederos*

- *Diez naves (gallineros o galpones), con material semipermanente*
- *Un almacén de materiales*
- *Una oficina administrativa, en material semipermanente*
- *Un laboratorio de manejo de casos equipado con microscopios y otros aparatos para análisis clínico de nutrientes, enfermedades de los animales y síntesis de aditivos alimentarios (laboratorio de bromatología, microbiología y parasitología animal y de alimentos); en material permanente*
- *Un matadero para sacrificar gallinas, empaquetar y vender al publico*
- *Una sala de reuniones, en material semipermanente*
- *Un cuarto de aseo, en material permanente*
- *Un pozo de agua de 20 metros de profundidad con bomba para suministro de agua a los animales, en material permanente*
- *Autorizaciones administrativas: gastos notariales (legalización de estatutos de la empresa, adquisición del NIF), Autorización Veterinaria del Ministerio de Agricultura, Ganadería y Alimentación; y autorización de PYMES)*
- *Gastos de estudios y formación*
- *Obras de acondicionamiento del terreno*
- *Herramientas y utillajes: Palas, picos, carretillas, pares de botas, uniformes proyecto, etc.*
- *Trazado línea eléctrica e instalación de agua, arreglo y trazado de carretera acceso al proyecto*

### *Las necesidades básicas de inversiones iniciales en bienes del inmovilizado:*

Como cualquier proyecto, la empresa Industria CORAL necesitará instrumentar su estructura de inmovilizados o activo fijo.

De acuerdo a las distintas necesidades de inversión en esa estructura analizadas con anterioridad, y según las características técnicas y el sector en que actuará el proyecto, las inversiones en bienes de inmovilizados se instrumentarán según el siguiente balance:

| COD. CUENTA | DENOMINACIÓN CUENTA | DESCRIPCIÓN CUENTA | IMPORTE |
|---|---|---|---|
| xxx | Gastos de constitución | *Autorizaciones administrativas* | 300.000 |
| xxx | Gastos de primer establecimiento | *Preparativos y limpieza terreno* | 4.000.000 |
| xxx | Construcciones naves y equipamiento | *Galpones, oficinas, almacén, materiales diversos, etc.* | 3.000.000 |
| xxx | Instalaciones técnicas | *Electricidad, agua y otros* | 1.600.000 |
| xxx | Elementos de transportes | *Toyota Hilux, Renault exprés* | 4.500.000 |
| xxx | Herramientas, materiales y utillajes | *Machetes, palas, botas, uniforme* | 600.000 |
| xxx | Mobiliario de oficina | *Mesas, sillas, armarios, etc.* | 500.000 |
| xxx | Equipos oficina para procesar información | *Ordenadores, impresoras* | 400.000 |
| | ***TOTAL ACTIVO FIJO*** | ----------------------------------------- | ***14.900.000*** |

### Las necesidades básicas de inversiones iniciales corrientes:

En este grupo, de acuerdo a las necesidades operativas de proyecto, se adquirirá las materias primas, los embalajes y los materiales de oficinas, conforme al cuadro del siguiente balance:

| COD. CUENTA | DENOMINACIÓN CUENTA | DESCRIPCIÓN CUENTA | IMPORTE |
|---|---|---|---|
| yyy | Tesorería o capital de trabajo | Dinero en efectivo | 15.000.000 |
| | *TOTAL ACTIVO CORRIENTE* | ------------------------------------- | *15.000.000* |

La tesorería se compondrá de dinero líquido, depositado tanto en cuenta corriente del proyecto como en la caja madre. Servirá para atender a las necesidades de tesorería más inmediatas durante el primer año de funcionamiento. Estos recursos se destinarán en actividades como:

- Pago del personal destajista y del servicio de profesionales independientes
- Compras corrientes de materiales y otros abastecimientos
- Pago de facturas de los suministradores
- Gastos de publicidad y relaciones publicas
- Otros gastos que surgirán a lo largo primer trimestre de funcionamiento,

antes de entrar en producción y venta de huevos y de gallinas. Además, servirá para el pago de:

- *Un plantel de gallinas 1029 gallinas rurales (entre machos y hembras)*
- *Un lote de 20 sacos de pienso para gallinas*
- *Un lote de medicamentos veterinarios*
- *10 sacos de maíz, para fabricar pienso casero*
- *10 sacos de soja, para fabricar pienso casero*
- *4 sacos de pescado ahumado, para fabricar pienso casero*
- *Una tonelada de tubérculos, producidos en la finca propiedad del proyecto*

Este balance inicial, nos conlleva al siguiente presupuesto de inversiones fijas y corrientes al inicio del proyecto:

## Tabla 21

PRESUPUESTO DE INVERSIONES

| Inversión | Año 0 | Año 1 | Año 2 | Año 3 | Año 4 | Año 5 | Total | Vida útil contable (en años) |
|---|---|---|---|---|---|---|---|---|
| **Activos Tangibles** | **14.600.000,00** | - | - | - | # | - | **14.600.000,00** | N/A |
| Vehículos de distribución | 4.500.000,00 | | | | | | 4.500.000,00 | 10,00 |
| Compra de terreno | 4.000.000,00 | | | | | | 4.000.000,00 | 10,00 |
| Construccion de Galpones Y oficina | 3.000.000,00 | | | | | | 3.000.000,00 | 10,00 |
| Perforacion de pozo | 600.000,00 | | | | | | 600.000,00 | 10,00 |
| Instalacion Electrica | 1.000.000,00 | | | | | | 1.000.000,00 | 10,00 |
| Compra de Suministros (Bebederos, Comederos, herramientas, embalajes) | 500.000,00 | | | | | | 500.000,00 | 5,00 |
| Muebles de Oficina y Comedor | 500.000,00 | | | | | | 500.000,00 | 5,00 |
| Equipos de computacion e Internet | 400.000,00 | | | | | | 400.000,00 | 5,00 |
| Compra Codificadora de huevos | 100.000,00 | | | | | | 100.000,00 | 10,00 |
| **Activos Intangibles** | **300.000,00** | - | - | - | # | - | **300.000,00** | N/A |
| Licencias y permisos | 150.000,00 | | | | | | 150.000,00 | |
| Patentes "CORAL" | 150.000,00 | | | | | | 150.000,00 | |
| **Capital de trabajo** | **15.000.000,00** | - | - | - | # | - | **15.000.000,00** | N/A |
| Capital de trabajo inicial | 15.000.000,00 | | | | | | 15.000.000,00 | |
| **Total Inversiones** | **29.900.000,00** | - | - | - | # | - | **29.900.000,00** | N/A |

*El presupuesto global del proyecto asciende a 29.900.000 XAF*

Ahora bien, partiendo de la información de la proyección de la demanda en los mercados de Bata y del presupuesto de inversiones iniciales, según el análisis y evaluación de las necesidades operativas iniciales, tenemos los siguientes datos:

## Tabla 22

| Calculos de la proyeccion | | | | |
|---|---|---|---|---|
| Años | # de Gallinas Anual | Diarios Huevos | Mensual | Anual |
| 1er Produccion 6 Meses | 980 | 686 | 20580 | 123,480.00 |
| 2do Año | 980 | 882 | 26460 | 317,520.00 |
| 3er Año | 1280 | 1088 | 32640 | 391,680.00 |
| 4to Año | 1780 | 1513 | 45390 | 544,680.00 |
| 5to Año | 2530 | 2150.5 | 64515 | 774,180.00 |
| Descarte de Gallina ponedora | | | | |
| Gallinas 2do año | 980 | | | 7840 |
| Gallinas 4to año | 1280 | | | 10240 |

**Tabla 23**

| Demanda proyectada para 5 años | | | |
|---|---|---|---|
| Período | Pollo o Gallina (Kilogramos) | Huevos Anual (unidades) | Crecimiento |
| 2024 | | 123,480 | 0 |
| 2025 | 7,840.00 | 317,520.00 | 257% |
| 2026 | | 391,680.00 | 23% |
| 2027 | 10,240.00 | 544,680.00 | 39% |
| 2028 | | 774,180.00 | 42% |

Para la empresa Industria CORAL, las inversiones se clasifican en fijas y corrientes. Entre las primeras se dispone de:

❖ Elemento de transporte o vehiculo, para asegurar el transporte de bienes y personas

❖ Terrreno, donde se implementa la sede social de la empresa

❖ Galpones, para alojar las aves

❖ Oficinas para centrar la administracion de la empresa

❖ Almacen, para resguardar tanto las materias primas como productos terminados (bandejas de huevos, medicamentos, utillajes)

❖ Perforación de pozo, para la obtención del agua potable

❖ Herramientas y utillajes para realizar diferentes trabajos manuales

❖ Muebles de oficina compuestos por los diferentes mobiliarios y equipos

❖ Equipos de computación para el control de los procesos administrativos, comerciales y contables

❖ Patentes, como derechos para la explotacion industrrial de la marca

❖ Capital de trabajo o fondo para atender a los compromisos de pagos a corto plazo y mantener el proceso productivo.

## 7.2.  Plan de financiación

Consiste en conseguir los recursos necesarios para la realización de las inversiones iniciales del proyecto (aprovechando alguna oportunidad de fuentes financieras ajenas). Para ello, teniendo en cuenta la difícil situación económica que atraviesa el país, los socios promotores han acordado aportar 20.000 F.CFA; entre tanto que los 9.900.000 F.CFA se recibirán en forma de crédito bancario.

El plan de financiación consiste en conseguir los recursos necesarios para la realización de las inversiones iniciales del proyecto (con las aportaciones de los propios socios o aprovechando alguna oportunidad de fuentes financieras ajenas que ofrecen los establecimientos bancarios del País).

El proyecto considera solicitar créditos a instituciones cuyas condiciones son rentables a ambas partes. Para ello, el plan de financiación es el siguiente:

✓ Montante del capital inicial: 20.000.000 XAF

✓ Aportación de los socios de la empresa: 20.000.000 XAF

**Datos de la operación crediticia:**

✓ Crédito a solicitar en BANGE (Banco Nacional de Guinea Ecuatorial): 9.900.000 XAF.

✓ Coste del capital o factor de capitalización: 0,03

✓ Tipo de interés anual: 3% anual

✓ Duración de la operación: 5 años


Para ello, el proyecto solicitará créditos a instituciones y personas físicas, cuyas condiciones serian rentables a ambas partes. En este sentido, el plan de financiación ajena seria el siguiente:

| Financiación básica | Importe |
|---|---|
| Capital social | 20.000.000 |
| Acreedores( bancos) | 9.900.000 |


Una vez determinadas las inversiones iniciales necesarias para comenzar el proyecto, se selecciona también las formas de financiación más convenientes. En primer lugar, se considera que la primera fuente de financiación consiste en las aportaciones de los socios al capital social, y los créditos recibidos en los establecimientos financieros o bancos

7.3.    Balance de situación previsional: Análisis de gastos e ingresos del proyecto

**Tabla 24**

**Presupuesto de ventas:**

| Producto | Unidad de medida | Precio por unidad | Cantidad año 1 | Cantidad año 2 | Cantidad año 3 | Cantidad año 4 | Cantidad año 5 | Ventas año 1 | Ventas año 2 | Ventas año 3 | Ventas año 4 | Ventas año 5 |
|---|---|---|---|---|---|---|---|---|---|---|---|---|
| Huevos | 1,00 | 160 | 123.480 | 317.520 | 391.680 | 544.680 | 774.180 | 19.756.800 | 50.803.200 | 62.668.800 | 87.148.800 | 123.868.800 |
| Carne Gallinas | 1,00 | 1.600 | | 7.840 | | 10.240 | | - | 12.544.000 | - | 16.384.000 | - |
| | | | | | | | | - | - | - | - | - |
| Total Ventas | N/A | N/A | 123.480 | 325.360 | 391.680 | 554.920 | 774.180 | 19.756.800 | 63.347.200 | 62.668.800 | 103.532.800 | 123.868.800 |

El presupuesto de ventas se prepara en base al plan de global de la empresa:

1. Investigación y sondeos del mercado cautivo y potencial.

2. Conocimiento de las estrategias de mercado que utilizara la competencia.

3. Compromisos y precedidos efectuados por los clientes.

4. Capacidad de compra de los clientes.

5. Política de la empresa de revisión de precios.

6. Proyección estadística de ventas.

7. Analizar el histórico de ventas: Revisar las ventas pasadas para identificar patrones, tendencias y estacionalidad.

8. Establecer las metas de crecimiento: Define los objetivos de ventas que deseas alcanzar en el período presupuestario.

9. Considerar factores externos: Ten en cuenta factores económicos, competitivos y de mercado que puedan afectar las ventas.

10. Segmentar el mercado: Divide tu mercado en segmentos y analiza las oportunidades de venta en cada uno.

11. Estimar la demanda: Utiliza datos y análisis para predecir la demanda futura de tus productos o servicios.

12. Determinar los precios: Define los precios de tus productos o servicios, considerando costos, competencia y valor percibido por los clientes.

13. Calcular el presupuesto de ventas: Multiplica las estimaciones de demanda por los precios para obtener una proyección de ingresos por cada segmento

Haciendo los cálculos, se llega al **presupuesto de costes variables del proyecto**, cuyos datos se insertan en la siguiente tabla:

**Tabla 25**

| Producto | Unidad de medida | Precio de venta unitario | Precio Venta ponderado por vol ventas | Costo de Producción unitario | Costo de Venta unitario | Impuestos de Venta directos | Costo variable unitario | Márgen de Contribución Unitario | Márgen contribución ponderado por vol ventas | Cantidad año 1 | Cantidad año 2 | Cantidad año 3 | Cantidad año 4 | Cantidad año 5 | Costos Variables año 1 | Costos Variables año 2 | Costos Variables año 3 | Costos Variables año 4 | Costos Variables año 5 |
|---|---|---|---|---|---|---|---|---|---|---|---|---|---|---|---|---|---|---|---|
| Huevos | 1,00 | 160 | 160 | 114,27 | | | 114,27 | 28,6% | 29% | 123.480 | 317.520 | 391.680 | 544.680 | 774.180 | 14.110.059,60 | 36.283.010,40 | 44.757.273,60 | 62.240.583,60 | 88.465.548,60 |
| Carne Gallinas | 1,00 | 1.600 | - | 1.150 | | | 1.150 | 28,1% | 0% | - | 7.840 | - | 10.240 | - | - | 9.016.000 | - | 11.776.000 | - |
| Total Ventas | N/A | N/A | 160,00 | N/A | N/A | | N/A | N/A | 29% | 123.480 | 325.360 | 391.680 | 554.920 | 774.180 | 14.110.059,60 | 45.299.010,40 | 44.757.273,60 | 74.016.583,60 | 88.465.548,60 |

Una vez obetenido el presupuesto de costes variables, ya estamos a medida de elaborar el **presupuesto de costes fijos del proyecto**, cuyos datos se insertan en la siguiente tabla:

**Tabla 26**

| Inversión | | Costo mensual | Año 1 | Año 2 | Año 3 | Año 4 | Año 5 |
|---|---|---|---|---|---|---|---|
| **Gastos de Administración** | | **892.000,00** | **10.704.000,00** | **10.704.000,00** | **10.704.000,00** | **10.704.000,00** | **10.704.000,00** |
| | Sueldos y Salarios | 800.000,00 | 9.600.000,00 | 9.600.000,00 | 9.600.000,00 | 9.600.000,00 | 9.600.000,00 |
| | Servicios profesionales contratados | 20.000,00 | 240.000,00 | 240.000,00 | 240.000,00 | 240.000,00 | 240.000,00 |
| | Servicios Básicos | 27.000,00 | 324.000,00 | 324.000,00 | 324.000,00 | 324.000,00 | 324.000,00 |
| | transporte (Combustrible) | 30.000,00 | 360.000,00 | 360.000,00 | 360.000,00 | 360.000,00 | 360.000,00 |
| | Material de oficina | 10.000,00 | 120.000,00 | 120.000,00 | 120.000,00 | 120.000,00 | 120.000,00 |
| | Otros materiales | 5.000,00 | 60.000,00 | 60.000,00 | 60.000,00 | 60.000,00 | 60.000,00 |
| **Gastos de Financiación** | | - | - | - | - | - | - |
| | Amortización a capital por préstamos | | | | | | |
| | Intereses de préstamos | | | | | | |
| | Otros gastos financieros | | | | | | |
| **Impuestos** | | - | - | - | - | - | - |
| | Impuestos a la renta / utilidad | | | | | | |
| | Otros impuestos | | | | | | |
| **Total Costos Fijos** | | | 10.704.000,00 | 10.704.000,00 | 10.704.000,00 | 10.704.000,00 | 10.704.000,00 |

Para elaborar el presupuesto de costos fijos, se ha analizado los siguientes pasos:

1. Identificación de los costos fijos: Enumerando y categorizando todos los costos que no varían independientemente del nivel de actividad o ventas.

2. Identificación de los montos estimados para cada costo fijo en función de la experiencia pasada, contratos existentes u otras fuentes confiables.

3. Sumatoria de todos los costos fijos estimados para obtener el total del presupuesto de costos fijos.

La tabla de los costes fijos anterior, nos muestra que contamos con un presupuesto de costes fijos (propiedad, planta y equipo) ideal para garantizar la rentabilidad de la empresa.

Tras la elaboración del preupuesro de costes totales (fijos y variables), el siguiente paso es realizar el analisis de datos que permitan   elaborar el estado de resultado y el flujo de efectivo simplificado, conforme a los datos obtenidos en el presupuesto de costes y de ventas de las tablas anteriores(cuenta de resultado previsional). Los calculos financieros han permitido obtener cifras previsivas que se insertan en la siguiente tabla de  estado de resultado simplificado:

**Tabla 27**

**Estado de resultado simplificado:**

| Cuenta | Año 1 | Año 2 | Año 3 | Año 4 | Año 5 |
|---|---|---|---|---|---|
| Ventas brutas | 19.756.800 | 63.347.200 | 62.668.800 | 103.532.800 | 123.868.800 |
| Costos variables | 14.110.059,60 | 45.299.010,40 | 44.757.273,60 | 74.016.583,60 | 88.465.548,60 |
| **Utilidad Bruta / Margen Bruto** | **5.646.740,40** | **18.048.189,60** | **17.911.526,40** | **29.516.216,40** | **35.403.251,40** |
| Gastos administrativos | 10.704.000 | 10.704.000 | 10.704.000 | 10.704.000 | 10.704.000 |
| Depreciación de Activos Fijos | 1.600.000 | 1.600.000 | 1.600.000 | 1.600.000,00 | 1.600.000 |
| **Utilidad Operativa / Margen Operativo (EBIT)** | **(6.657.259,60)** | **5.744.189,60** | **5.607.526,40** | **17.212.216,40** | **23.099.251,40** |
| Impuestos a la renta / utilidad | - | - | - | - | - |
| **Utilidad Neta después de impuestos (NOPAT)** | **(6.657.259,60)** | **5.744.189,60** | **5.607.526,40** | **17.212.216,40** | **23.099.251,40** |
| Gastos financieros/intereses | - | - | - | - | - |
| **Utilidad Neta / Resultado del Ejercicio** | **(6.657.259,60)** | **5.744.189,60** | **5.607.526,40** | **17.212.216,40** | **23.099.251,40** |
|  | 12.104,11 | 10.443,98 | 10.195,50 | 31.294,94 | 41.998,64 |

Tras conocer el estado de resultado previsional del proyecto, pasamos a elaborar el flujo de efectivo simplificado, que se inserta en la tabla siguiente:

**Tabla 28**

**Flujo de efectivo simplificado:**

| Cuenta | Año 0 | Año 1 | Año 2 | Año 3 | Año 4 | Año 5 |
|---|---|---|---|---|---|---|
| Ventas brutas | - | 19.756.800 | 63.347.200 | 62.668.800 | 103.532.800 | 123.868.800 |
| Costos variables | - | 14.110.059,60 | 45.299.010,40 | 44.757.273,60 | 74.016.583,60 | 88.465.548,60 |
| Utilidad Bruta / Margen Bruto | - | 5.646.740,40 | 18.048.189,60 | 17.911.526,40 | 29.516.216,40 | 35.403.251,40 |
| Gastos administrativos | - | 10.704.000 | 10.704.000 | 10.704.000 | 10.704.000 | 10.704.000 |
| Depreciación de Activos Fijos | - | 1.600.000,00 | 1.600.000 | 1.600.000 | 1.600.000 | 1.600.000 |
| Utilidad Operativa / Margen Operativo (EBIT) | - | (6.657.259,60) | 5.744.189,60 | 5.607.526,40 | 17.212.216,40 | 23.099.251,40 |
| Impuestos a la renta / utilidad | - | - | - | - | - | - |
| Utilidad Neta después de impuestos (NOPAT) | - | (6.657.259,60) | 5.744.189,60 | 5.607.526,40 | 17.212.216,40 | 23.099.251,40 |
| Depreciación de Activos Fijos | - | 1.600.000 | 1.600.000 | 1.600.000,00 | 1.600.000,00 | 1.600.000 |
| **Flujo de Efectivo Bruto \ Cash Flow** | - | (5.057.259,60) | 7.344.189,60 | 7.207.526,40 | 18.812.216,40 | 24.699.251,40 |
| Inversión en Capital Operativo \ Capital de Trabajo | 15.000.000 | - | - | - | - | - |
| **Flujo de Efectivo Operativo \ Operating Cash Flow** | (15.000.000) | (5.057.259,60) | 7.344.189,60 | 7.207.526,40 | 18.812.216,40 | 24.699.251,40 |

| | | | | | |
|---|---|---|---|---|---|
| Inversiones en Activo Fijo y Activo Intangible | 14.900.000 | - | - | - | - | - |
| Valor de Rescate (liquidación) de Activos Fijos | - | - | - | - | - | 6.600.000 |
| **Flujo de Efectivo Neto \ Flujo Efectivo Económico \ Net Cash Flow** | **(29.900.000)** | **(5.057.259,60)** | **7.344.189,60** | **7.207.526,40** | **18.812.216,40** | **31.299.251,40** |
| Costos Financieros \ intereses | | - | - | - | - | - |
| Pago de préstamos | | - | - | - | - | - |
| **Flujo de Efectivo Libre \ Flujo de Efectivo Financiero \ Free Cash Flow** | **(29.900.000)** | **(5.057.259,60)** | **7.344.189,60** | **7.207.526,40** | **18.812.216,40** | **31.299.251,40** |

El punto de equilibrio en finanzas es el nivel de ventas en el que los ingresos totales se igualan los costos totales, es decir, no hay ganancias ni pérdidas. Se puede calcular dividiendo los costos fijos por la diferencia entre el precio de venta unitario y los costos variables unitarios para lo cual nos da un **equilibrio de 37,451,126.18 F.CFA**

La tasa de descuento puede ser determinada por diferentes métodos, como el costo promedio ponderado de capital (WACC) o la tasa libre de riesgo más un premio por riesgo. Es importante considerar factores como el costo de oportunidad y el riesgo asociado al proyecto o inversión, para lo cual se determina que se va a tener un 7% de la tasa de interés

El VAN (Valor Actual Neto), es la medida utilizada para evaluar la rentabilidad de una inversión, la cual nos permite determinar si el flujo de efectivo futuro generado por una inversión supera o no el costo inicial de la misma, por tanto, nos da un valor de **14,339,460.78 XAF**

Para el plazo de recuperación del capital (Pay-back) se considera que el período de tiempo necesario para que se recupere la inversión inicial es de 5 años.

Asi mismo, calculamos los indicadores de rentabilidad del proyecto en la siguiente tabla:

**Tabla 29**

**Indicadores de rentabilidad:**

| Indicador | | Valor | Referencia |
|---|---|---|---|
| Pto. Eq. | Punto de Equilibrio | 37.451.126,18 | Volumen de ventas en el que se logran cubrir todos los costos (fijos y variables) |
| i (desc) | Tasa de Descuento \ Interés | 7% | Tasa de interés a la que se descuentan flujos proyectados |
| VAN | Valor Actual Neto | 14.339.460,78 | VAN > 0.00 = proyecto aceptable |
| TIR | Tasa Interna de Retorno | 17% | TIR > i (desc) = proyecto aceptable |
| B/C | Índice Beneficio / Costo | 1,48 | B/C > 1.00 = proyecto aceptable |
| TRK | Tiempo de Recuperación del Capital | Año 5 | Año durante el cual se recupera la inversión inicial (Flujo Acumulado > 0) |

Finalmente, insertamos la depreciación de las inversiones materializadas en activos fijos en las siguientes tablas:

**Tabla 30**
**Depreciación de activos (parte 1)**

| | | | Activos comprados el Año 0 | | | | |
|---|---|---|---|---|---|---|---|
| Inversión | Año 0 | Depreciación al año 1 | Depreciación al año 2 | Depreciación al año 3 | Depreciación al año 4 | Depreciación al año 5 |
| **Activos Tangibles** | **14.600.000** | | | | | |
| Vehículos de distribución | 4.500.000 | 450.000 | 450.000 | 450.000 | 450.000 | 450.000 |
| Compra de terreno | 4.000.000 | 400.000 | 400.000 | 400.000 | 400.000 | 400.000 |
| Construccion de Galpones Y oficina | 3.000.000 | 300.000 | 300.000 | 300.000 | 300.000 | 300.000 |
| Perforacion de pozo | 600.000 | 60.000 | 60.000 | 60.000 | 60.000 | 60.000 |
| Instalacion Electrica | 1.000.000 | 100.000 | 100.000 | 100.000 | 100.000 | 100.000 |
| Compra de Suministros (Bebederos, Comederos, herramientas, embalajes) | 500.000 | 100.000 | 100.000 | 100.000 | 100.000 | 100.000 |
| Muebles de Oficina y Comedor | 500.000 | 100.000 | 100.000 | 100.000 | 100.000 | 100.000 |
| Equipos de computacion e Internet | 400.000 | 80.000 | 80.000 | 80.000 | 80.000 | 80.000 |
| Medicamentos | - | - | - | - | - | - |
| Compra de aves | - | - | - | - | - | - |
| Alimento para aves | - | - | - | - | - | - |
| Compra Codificadora de huevos | 100.000 | 10.000 | 10.000 | 10.000 | 10.000 | 10.000 |
| **Total Depreciaciones** | **14.600.000** | **1.600.000** | **1.600.000** | **1.600.000** | **1.600.000** | **1.600.000** |

**Tabal 31**
**Depreciación de activos (continuación, parte 2)**

| Total | Vida útil contable (en años) | Depreciación anual (cierre año 1) | Depreciación anual (cierre año 2) | Depreciación anual (cierre año 3) | Depreciación anual (cierre año 4) | Depreciación anual (cierre año 5) | Depreciación acumulada Total (cierre año 5) | Valor de rescate (residual) |
|---|---|---|---|---|---|---|---|---|
| 14.600.000,00 | N/A | 1.600.000,00 | 1.600.000,00 | 1.600.000,00 | 1.600.000,00 | 1.600.000,00 | 8.000.000,00 | 6.600.000,00 |
| 4.500.000,00 | 10,00 | 450.000,00 | 450.000,00 | 450.000,00 | 450.000,00 | 450.000,00 | 2.250.000,00 | 2.250.000,00 |
| 4.000.000,00 | 10,00 | 400.000,00 | 400.000,00 | 400.000,00 | 400.000,00 | 400.000,00 | 2.000.000,00 | 2.000.000,00 |
| 3.000.000,00 | 10,00 | 300.000,00 | 300.000,00 | 300.000,00 | 300.000,00 | 300.000,00 | 1.500.000,00 | 1.500.000,00 |
| 600.000,00 | 10,00 | 60.000,00 | 60.000,00 | 60.000,00 | 60.000,00 | 60.000,00 | 300.000,00 | 300.000,00 |
| 1.000.000,00 | 10,00 | 100.000,00 | 100.000,00 | 100.000,00 | 100.000,00 | 100.000,00 | 500.000,00 | 500.000,00 |
|  |  |  |  |  |  |  |  |  |
| 500.000,00 | 5,00 | 100.000,00 | 100.000,00 | 100.000,00 | 100.000,00 | 100.000,00 | 500.000,00 | - |
| 500.000,00 | 5,00 | 100.000,00 | 100.000,00 | 100.000,00 | 100.000,00 | 100.000,00 | 500.000,00 | - |
| 400.000,00 | 5,00 | 80.000,00 | 80.000,00 | 80.000,00 | 80.000,00 | 80.000,00 | 400.000,00 | - |
| - | 1,00 | - | - | - | - | - | - | - |
| - | 1,00 | - | - | - | - | - | - | - |
| - | 1,00 | - | - | - | - | - | - | - |
| 100.000,00 | 10,00 | 10.000,00 | 10.000,00 | 10.000,00 | 10.000,00 | 10.000,00 | 50.000,00 | 50.000,00 |
| 14.600.000,00 | N/A | 1.600.000,00 | 1.600.000,00 | 1.600.000,00 | 1.600.000,00 | 1.600.000,00 | 8.000.000,00 | 6.600.000,00 |

*Todas las partidas insertadas en este apartado del plan económico y financiero, son de elaboración partiendo de la utilización de los ficheros Excel facilitados por FUNIBER en la asignatura "**Proyecto de Empresa**". Los importes están calculados de acuerdo a la realidad financiera del entorno de Bata, y en la moneda local de Guinea Ecuatorial, el F.CFA (XAF)*

❖ **Implementación del sistema de procedimientos y de control de la contabilidad. libros contables: libros diarios (de caja, de banco, de clientes, de proveedores, conciliación bancaria, arqueo de caja).**

Una vez iniciadas las actividades, se abren los libros contables:

- Diario extracontable para el control de las operaciones realizadas con cargo a la cuenta bancaria
- Diario de caja para el control de las operaciones realizadas con cargo a la caja
- Diario de clientes, servirá para el control de las cuentas de clientes cuando realizamos las ventas a crédito.
- Diario de proveedores para el control de las cuentas de los proveedores, cuando realizamos las compras a crédito
- La conciliación bancaria será un estado en el que anotaremos la comparación de las operaciones tanto del extracto bancario como del diario extracontable. Se realizará la conciliación de cuentas al final de cada mes
- Arqueo de caja consistirá en el control mensual de la caja. Este control culminará en un documento llamado proceso verbal del inventario de caja (PV)

Nuestro sistema contable es el conjunto de principios y reglas que facilitan el conocimiento y la representación adecuada de la empresa "CORAL" y de los hechos económicos que afectan a la misma. Se puede afirmar que en un sistema contable se elabora y se presenta balances que permiten conocer la situación real: inicial y final en la que se encuentra la empresa y con la información obtenida de los mismos, se procede a tomar decisiones que aseguren la rentabilidad de la misma.

Por lo cual se debe llevar los siguientes pasos contables:

1. Documento fuente (pieza contable). La pieza contable contiene: requisición de gastos, registro de cheques, cheque o transferencia, factura proforma y final, pedido de pago y otros documentos de análisis de las compras, según el nivel de compras (niveles 1-4, conforme al documento to de procedimientos de compras que se elaborará al respecto). La cuenta bancaria se controlará mediante el diario de cuenta y la conciliacion de cuenta por cada mes

Cuando se trate de compras por caja o en efectivo, se dispondrá de requisición de gastos por caja, talón de caja. y salida de efectivo de la caja; todo acompañado de los justificantes de compra realizada. El control del efectivo en caja, se controlará mediante el diario de caja y el arqueo de la misma acompañada del proceso verbal de caja.

2. Libro diario (Jornalización). Para las contabilizaciones en diario general de la empresa, se adquirirá programa contable NAVISIÓN, ya que se adapta a las especificaciones del PLAN CONTABLE OHADA (Organización para la Armonización de los Derechos de Negocios en África), y las Leyes de la COBAC (Contabilidad Bancaria de África Central)

3. Libro Mayor (Mayorización), servirá para el mejor control de cada cuenta, donde se puede visualizar DEBE y el HABER asi como el saldo de la cuenta actualizado en cada momento

4. Balance (Comprobación), se establecerá por cada trimestre para el control de las cuentas contables, afín de obtener los datos contables actualizados en cada momento

5. Estados contables (Financiero y económico al 31/12 de cada ejercicio económico), conforme al formato y las especificaciones que exige el Ministerio de Hacienda y Presupuestos, en materia de la elaboración de los estados contables y para la aplicación de las justificaciones fiscales (pago de impuestos al fisco), conforme a la Ley número 4/2024, de fecha 28 de octubre, Reguladora del Sistema Tributario de la República de Guinea Ecuatorial.

Libro diario:
- Registro de fecha (día, mes y año)

- Registro de la cuenta o cuentas deudoras con sus valores.

- Registro de la cuenta o cuentas acreedoras, con sus valores.

- Síntesis de la transacción, materia de la jornalización.

➢ **Procedimiento de la auditoria interna.**

Al final de cada ejercicio económico se realizará una auditoria interna, cuyo proceso consiste en las siguientes operaciones:

* **Auditoria de las operaciones financieras:**
control del funcionamiento de la cuenta bancaria de la empresa para el periodo que se va a auditar: Datos de los ingresos bancarios, datos de los gastos efectuados con cargo a la bancaria; análisis del origen de ingresos y gastos. Verificación de las piezas contables de banco y caja resultantes de las operaciones realizadas durante el ejercicio económico.

* **Auditoria de RRHH:**
control de contratos, nominas, libro de pagos de impuestos, aplicación de políticas de personal (libros de pagos al personal), procedimientos de contratación de personal, procedimientos para la estipulación de la escala salarial conforme a la Ley número 10/2012, de fecha 24 de diciembre, sobre el Ordenamiento General del Trabajo en la República de Guinea Ecuatorial.

* Auditoria de las operaciones de control de procesos y de calidad de los productos resultantes de las operaciones de producción (huevos, carne de gallina, execras), conforme a la ley número 11/2017, de fecha 20 de noviembre, Reguladora de la producción animal en la República de Guinea Ecuatorial

* **Evaluación del control interno:** Revisión y evaluación de los controles internos existentes para asegurar la integridad de la información financiera y la eficacia de los procesos.

* **Revisión de transacciones:** Análisis y revisión detallada de las transacciones financieras para asegurarse de que se han registrado adecuadamente y cumplen con las políticas y procedimientos establecidos. (libro de procedimientos de compras)

- **Revisión del ciclo de ingresos:** Evaluación del proceso de generación de ingresos, incluyendo el registro de ventas, cobranza y conciliaciones bancarias.

- **Revisión del ciclo de gastos:** Evaluación del proceso de gastos, incluyendo el registro de facturas, pagos y conciliaciones bancarias.

- **Análisis financiero:** Análisis detallado de los estados financieros para detectar cualquier anomalía o problema.

- **Evaluación del cumplimiento normativo**: Verificación del cumplimiento normativo en materia contable, fiscal y regulatoria, tanto a nivel nacional como internacional. (Aplicación de la **Ley número 4/2004**, del 28 de octubre, Reguladora del Sistema Tributario en la República de Guinea Ecuatorial)

- **Evaluación de riesgos (mediante plan de contingencias):** Identificación y evaluación de los riesgos financieros asociados con los procesos empresariales, y establecimiento de medidas para mitigar dichos riesgos.

- Verificación del cumplimiento de políticas, procedimientos y controles internos. Revisión de informes anteriores.

- Obtención del reporte del diario por cuenta y/o anexo que sustente los saldos de cajas, fondo de cambio y caja chica.

- Análisis de los arqueos de caja o fondo de cambio.

- Asegurase de que el fondo de cambio no se halle comprometido con documentos o valores que no sean en efectivo.

- Confirmación de que el fondo fijo y que todos los gastos efectuados fueron aplicados a las cuentas del balance o Cuentas de Resultados correspondientes. Análisis de la naturaleza del reembolso. Anotación los resultados en los papeles de trabajo.

- Revisión de la información obtenida en el ciclo de ingresos y egresos en lo que se relaciona a fondos disponibles.

- Inventario de producto terminado.

- Inventario de producto en proceso.

- Inventario de material de empaque utilizado en la producción.

- Auditorio dispensario médico (incidencia de enfermedad en el personal).

Como conclusión del plan económico y financiero, se afirma que, desde el punto de vista estrictamente económico – financiero, el proyecto es viable; dado a los resultados obtenidos en nuestro análisis económico ya que el primer año es de inversión y de poco volumen de venta, pero consideramos que desde el segundo año ya podemos tener un retorno de las inversiones planificadas.

# 8. CONCLUSIONES Y APORTACIONES PERSONALES

## Perspectiva general sobre el proyecto

Considerando las variables analizadas, el proyecto es conveniente por varios factores: económicos, sociales y políticos de la ciudad de Bata.

Se observa que el precio del huevo ecológico es competitivo, considerando el estudio de mercado y que nos permite vender por debajo del precio del mercado en la zona, esto nos genera una ventaja competitiva, al mismo tiempo agrega una muy buena percepción de precio, que se traduce con fidelidad a la marca comercial en mercado de Bata.

Con este plan de negocios, se pretende diseñar un **Sistema de Garantía Interno de Calidad** (SGIC) en el seno de la empresa, con el objeto de favorecer la producción animal, en el que se define la estructura operacional de trabajo, la documentación y la integración de los procedimientos, procesos y recursos para guiar a los diferentes empleados, ayudando a la organización de manera práctica y coordinada a que se asegure la satisfacción de los clientes.

En resumen, el proyecto es considerado con fines de lucro, pero con un gran impacto social ya que la población del entorno dispondrá de puestos de trabajo; además con los productos ofrecidos, se mejora el sistema de alimentación, indicador necesario por las condiciones actuales en el mercado local.

## 8.1. Conclusiones

Después del análisis de los resultados obtenidos en la investigación podemos concluir que el proyecto es prometedor y rentable, cuya garantía se refleja en los siguientes aspectos:

### 8.1.1. Aspectos productivos / operacionales

El sistema de producción ecológica es un método que minimiza los costes de producción y simplifica el proceso productivo dando rentabilidad al producto resultante; por lo que, el proceso operacional dentro de la granja es simple y fácil de manejar por los operarios.

La producción ecológica de gallinas y huevos no precisa grandes costes de producción. Además, la disponibilidad de un terreno de **10.000 m2** en **NTOBO km 7, carretera Bata-MBINI** (área rural, cercana a la ciudad) y del personal técnico y operativo asi como administrativo es una ventaja a nivel estratégico y operacional.

Las operaciones a llevar a cabo en la planta productiva serán concatenadas, es decir, formarán una cadena en serie de operaciones hasta conseguir el producto final terminado. La serie comenzará con la recepción de las materias primas (pollitos, medicamentos, pienso, personal), y pasará por las fases de crecimiento, engorde, tratamiento con productos veterinarios, puesta de huevos, análisis y control de calidad, sacrificio de animales, laboratorio, embalajes y empaquetado, contabilización y registros, almacenamiento y venta.

En medio de la granja se contará con diferentes secciones y espacios físicos ocupados por operarios, administradores y controladores; y equipados según los requerimientos de funcionamiento de cada sección.

La elección del método de producción ecológica y el diseño del proceso productivo adecuado, se han realizado en base a los resultados obtenidos en la investigación llevada durante la elaboración de este trabajo.

Los proyectos de producción industrial de pollos y huevos terminaron en fracaso por falta de una buena calibración de los requerimientos de este sistema de producción. Por lo tanto, durante la investigación se ha descubierto que el sistema ecológico tiene triple ventaja:

- Rentabiliza las inversiones materializadas en activos fijos y circulantes (costes de producción mínimos)
- Ofrece productos libres de químicos, lo cual es beneficioso para la salud
- Permite vender los productos a precios bajos que colocarían a la empresa en posición de Liderazgo en el sector (líder en costes)

### 8.1.2. Aspectos direccionales / gerenciales

El personal es el activo más importante de una empresa. Cualquier administrador con responsabilidades sobre determinados objetivos que tiene que conseguir, ha de contar con la colaboración de un grupo de trabajadores a sus órdenes. Cualquier empresa con un personal adaptado a las necesidades del negocio, bien cualificado y suficientemente motivado, debe ser capaz de funcionar bien rentabilizando los recursos (Illera, 2007, p. 203)

El proyecto cuenta con la disponibilidad y la experiencia de los emprendedores-gerentes **(Julián ABAGA NCOGO, Bonifacio ONDO NSUE, Restituto Nsa MIKO; economista, abogado-politólogo, técnico en contabilidad e informática,** respectivamente) para llevar a delante este negocio de emprendimiento. Este es un aspecto crucial que ayudará en la dirección eficiente del resto de la plantilla de personal. La estructura funcional diseñada se ha realizado en base a los procesos operativos que se llevarán en la granja. La gerencia del proyecto se encargará de coordinar las distintas actividades a llevar por cada sección para conseguir la eficiencia en procesos productivos.

### 8.1.3. Aspectos económicos-financieros

El análisis de las necesidades operativas y de las inversiones iniciales ha permitido la elaboración del plan económico y financiero del proyecto

La elección de activos (fijos y corrientes), que rentabilicen el proyecto, se ha hecho en base a la naturaleza del negocio (producción de gallinas y huevos). La estructura básica de la planta de producción contará con elementos patrimoniales que se adecuen a sus objetivos y operaciones.

La estructura financiera se compone de las aportaciones de los emprendedores **(20.000.000 XAF)** y de los medios conseguidos en los establecimientos financieros, acreedores o bancos **(9.900.000 XAF)**. Los recursos a utilizar en el inicio del negocio ascienden a **29.900.000 XAF (45.582 EUR).** Este importe permitirá que el proyecto haga frente a los desembolsos iniciales en la adquisición de maquinaria, compras y pagos de las actividades iniciales, asi como la disponibilidad de los medios líquidos para hacer frente a los compromisos de pagos a corto plazo (pagos a proveedores y suministradores de diferentes tipos de materiales)

Como conclusión del plan económico y financiero, se afirma que, desde el punto de vista estrictamente económico – financiero, el proyecto es viable; dado a los resultados obtenidos en nuestro análisis económico ya que el primer año es de inversión y de poco volumen de venta, pero consideramos que desde el segundo año ya podemos tener un retorno de las inversiones planificadas.

Considerando las variables analizadas, el proyecto es conveniente en la ciudad de Bata por varios factores: económicos, sociales y medioambientales

### 8.1.4. *Aspectos comerciales, competenciales y de control de calidad*

Se observa que el precio de la gallina y huevo ecológico es competitivo, considerando el estudio de mercado y que nos permite vender por debajo del precio del mercado en la zona, esto nos genera una ventaja competitiva, al mismo tiempo agrega una muy buena percepción de precio, que se traduce con fidelidad a la marca comercial en mercado de Bata.

Con la aplicación de la estrategia de diferenciación de productos, se pretende que la **Empresa Industria CORAL, Corporación Alimentaria SL.** sea líder en el sector agropecuario en la ciudad de Bata. Con la introducción y posicionamiento de la producción en los mercados de Bata, se puede conseguir la fidelización de los clientes actuales y potenciales para producir cambios en los hábitos alimenticios de la población Batense.

La exigencia para comercializar un producto orgánico recae en estrictos controles de calidad; uno de ellos es la fecha de postura que se refiere al tiempo máximo que un productor tiene para comercializar su huevo orgánico; es decir, cuatro días desde que el huevo ha sido puesto. Después de este lapso, no está permitido distribuir el alimento.

Otro control más es la fecha de caducidad, que en este caso indica 30 días de vida para un huevo y su consumo para el ser humano, esto nos da como resultado un alto control de calidad en nuestro producto, tal como lo cita el siguiente autor: **"Para que el huevo sea aprobado y comercializado como orgánico es necesario que exista un control de bioseguridad, adecuado con la ambientación, nutrición y sanidad correctas, además de una certificación por un organismo aprobado por autoridades controladoras certificadas como Sagarpa" (Vela, 2013).** Y a la hora de comercializar, los sellos deberán ser inviolables, llevar la fecha de caducidad y de postura. Asi mismo, las gallinas deben llevar una envoltura que muestre toda la información bioalimentaria del producto, asi como el logo del proyecto y las referencias de las certificaciones veterinarias, otorgadas por la Dirección General de Alimentación, el INPAGE y la FAO GE. De esta manera, el proyecto se posiciona en el mercado con el slogan: *"Cuide tu salud con la buena alimentación"*

### 8.1.5. *Aspectos socio-laborales, contingenciales y medioambientales (entorno interno y externo)*

Con la implementación de este proyecto, se ofrecerá puestos de trabajo que contribuirán a aumentar los ingresos de los integrantes de la comunidad local. Además, con la política de las obras sociales establecida por la Administración Pública, se pretende participar en el desarrollo de la comunidad local con la realización de acciones benéficas, materializadas en diferentes tipos de apoyo a la transformación de la localidad: construcción de escuela, apoyo a niños huérfanos o en situación de vulnerabilidad y/o en riesgo de perder la relación parental, la lucha contra la violencia de género, formación gratuita de personas de tercera edad, apoyo a la juventud mediante la creación del instituto tecnológico industrial, especializado en el desarrollo de la investigación en ciencia y tecnología industrial, con la consiguiente formación de la sociedad de científicos e investigadores de Guinea Ecuatorial, SOCIGE (portafolio de proyectos).

En el aspecto contingencial, se ha tenido en cuenta los riesgos inherentes a la propia actividad y los que podrían ser esporádicos; de esta manera, se ha elaborado un plan de contingencias para contrarrestar los riesgos significativos, que pueden dificultar o impedir la realización del proyecto.

La preocupación por la conservación medioambiental, forma parte del programa de actividades diarias. La ecología es parte de la vida humana, por eso se ha optado por la producción ecológica para evitar la contaminación medioambiental. Es importante proteger el medioambiente y encontrar formas de vivir de manera más sostenible.

### 8.1.6. *Aspectos nutricionales (alimentación saludable)*

El huevo es percibido como una importante fuente de proteínas, éstas son de tal valor que se toman como patrón de referencia para determinar la calidad proteica de otros alimentos, dado que contienen en una proporción óptima todos los aminoácidos esenciales que nuestro organismo necesita. Además, el huevo es un ingrediente presente en dietas especiales para reducir peso o para incrementar la masa muscular. Del huevo destacan las vitaminas liposolubles A, D, E y otras vitaminas hidrosolubles del grupo B (tiamina, riboflavina, B12). Asimismo, están presentes minerales como hierro, fósforo, sodio (el huevo es uno de los alimentos de origen animal más ricos en este mineral), zinc y selenio.

La gallina es uno de los alimentos más demandados en nuestra sociedad. La gallina ecológica ofrece carne rica en proteína animal y omega 3 y se compone de otros nutrientes que mantienen la vitalidad del cuerpo humano. La producción ecológica de gallinas permite que éstas se alimenten de hierbas e insectos que contienen elementos bioquímicos que hacen idóneo el consumo de estos animales.

Es de suma importancia que las gallinas vivan en un ambiente libre, donde puedan desarrollarse y no estén en pequeñas jaulas donde la calidad de vida es totalmente insalubre. Las que viven dentro de jaulas, ponen sus huevos mientras son zarandeadas y pisoteadas por las que comparten la misma jaula teniendo cada una un espacio cinco veces menor que el que necesitan para ponerse de pie, moverse y agitar sus alas. (Zapata, 2008)

**Este proyecto es pura innovación en el sector pecuario de Guinea Ecuatorial. La innovación es la base del desarrollo de la economía, de la industria y de la tecnologia**

*La aplicación de la innovación en los sistemas productivos ofrece sostenibilidad en la economía empresarial.*

## 8.2.  Aportaciones y percepciones personales

Las aportaciones de esta investigación se enfocan en los objetivos propuestos al principio:

Revela la necesidad real de implementación de proyectos pecuarios con sistema de producción ecológica (granjas avícolas ecológicas) con el objetivo de promover la producción y el consumo de productos cárnicos nacionales. Es una forma de luchar contra la importación de productos de baja calidad nutricional y la inflación en los mercados. Con el sistema de producción ecológica de aves a nivel nacional, se garantiza el crecimiento y desarrollo económico sostenible.

El estudio muestra la importancia del consumo de alimentos frescos, producidos ecológicamente (libres de químicos). Al consumir estos alimentos, se crea un equilibrio corporal que mantiene a la persona en buen estado de salubridad. De esta manera, se aprovechan las facultades mentales que son la base para el desarrollo socio-humano.

Este proyecto viene a afianzar los objetivos por los que se diseñó el extinguido **proyecto PESA (Programa Especial para la Seguridad Alimentaria)**

El proyecto constituye un pilar para contribuir a la materialización del **"Plan Nacional de Desarrollo Económico y Social de Guinea Ecuatorial" y en la "Política de Desarrollo Nacional para la Diversificación Económica e Industrialización GE, AGENDA -2035"**, diseñado por el Gobierno de Guinea Ecuatorial cara al **Horizonte 2035 (GE PEGI-2035)**

Es importante apoyar la implementación de granjas locales y crear empleos en nuestra comunidad. Con este proyecto, se inicia una explotación de producción ecológica sostenible de huevos y gallinas en Bata. Por el consumo prolongado de congelados en el país, la población ha padecido patologías como la fiebre tifoidea, etc., Este consumo ha tenido como resultado la degradación progresiva de la salud pública

El consumo de productos cárnicos ocupa un 70% en el sistema de alimentación de los ciudadanos de nuestro país. Constituyendo este dato importante y oportuna, se ha pensado diseñar este plan de negocio para implementar la granja de producción ecológica de huevos y gallinas en Bata; aportando una serie de beneficios para la comunidad. Entre los cuales hay:

➢ **Sostenibilidad**

El proyecto utilizará métodos de producción sostenibles, lo que implica proteger el medioambiente. Tambien con este proyecto se participará en el desarrollo local con la creación de actividades benéficas (obras y acciones sociales)

➢ **Empleos locales**

Con este proyecto, se pretende crear empleos para la comunidad local, para impulsar la economía familiar y comunitaria.

➢ **Asequibilidad**

El proyecto venderá gallinas y huevos a precios asequibles para la totalidad de la población local (venta a precios por debajo de la competencia)

➢ **Salubridad**

El sistema de producción ecológica promete alimentos saludables que son idóneos para la salud de los consumidores, garantizando el bienestar familiar y comunitaria. Para ello, la implementación de un laboratorio bromatológico es una medida para asegurar los controles de calidad y salubridad de los alimentos

## 9.  RECOMENDACIONES

Las recomendaciones van dirigidas al Gobierno de Guinea Ecuatorial (concretamente al Ministerio de Agricultura, Ganadería y Alimentación), a la población consumidora de cárnicos, a las instituciones encargadas de promover el desarrollo agrícola, a las instituciones financiadoras de micro proyectos, a las familias campesinas dedicadas al cuidado de aves y producción de huevos ecológicos.

### 9.1.  Recomendaciones al Gobierno de Guinea Ecuatorial a través del Ministerio de Agricultura, Ganadería, Bosques y Medio Ambiente (MAGBOMA)

El Ministerio de Agricultura, Ganadería, Bosques y Medio Ambiente como Ministerio Tutor, encargada de promover el desarrollo alimentario en el país, ha de establecer acciones concretas y políticas de acompañamiento a los emprendedores privados, para enfatizar la producción nacional y así evitar el consumo de congelados importados. Si no producimos, no podremos mejorar el sistema de alimentación en la población. Por lo que, es necesario apoyar los proyectos que contribuyan al Programa de Diversificación establecido por el gobierno desde 2007, para que Guinea ecuatorial sea un país agroindustrial

Las Instituciones afines al Ministerio, tales como **INPAGE, INPIDE**, han de acompañar a los emprendedores locales, ofreciéndoles insumos para incurrir en menores costes de producción y mantener el proceso productivo.
Recomendamos velar que los presupuestos establecidos para financiar las actividades productivas en medio rural, lleguen a los destinatarios. De esta manera se conseguirá la rentabilización del sector agropecuario en nuestro País.

A través de este proyecto, se recomienda al gobierno poner las bases económicas y financieras y un ambiente propicio de negocio que hagan atractiva la inversión en el sector pecuario.

### 9.2.  Recomendaciones a la población consumidora de productos cárnicos congelados

Uno de los problemas que afecta a la población de Bata es el rechazo al consumo de productos avícolas nacionales, por creer que son nocivos. El sistema de producción ecológica controlado está lejos de esta idea. El proyecto contará con un departamento control de calidad y de plagas, así como un laboratorio de bromatología, microbiología y parasitología. Ello permitirá ofrecer productos saludables a la población.

Contrariamente a la idea de la población, a través del estudio se ha comprobado que el consumo de congelados importados ha tenido un impacto negativo en nuestra salud. La carne conservada a temperaturas modificadas pierde nutrimientos, lo que le convierte en producto no apto para el consumo.

Nuestros productos ofrecen garantía a nivel nutricional porque contarán con el Certificado de Verificación Veterinaria y de Control de Calidad(CCVV), expedida por la Dirección General de Alimentación (Sección Análisis Veterinario y Control de Calidad de los Alimentos), INPAGE y la FAO.

Por lo que se recomienda a la población a adquirir las gallinas y huevos que el proyecto abastecerá en los mercados nacionales, para salvaguardar su salud y la de sus hijos.

### 9.3. Recomendaciones a las instituciones financiadoras de micro emprendedores nacionales

A nivel del país existen instituciones financiadoras de microproyectos, tales como el Banco Nacional de Guinea Ecuatorial, BANGE. El Programa BANGE IMPULSA ofrece financiación mediante concurso a emprendedores nacionales.

Bajo esta idea de financiación, recomendamos a los gerentes de este programa tener en cuenta proyectos agropecuarios que sean rentables para impulsar el desarrollo del sector agropecuario

Analizar expedientes de proyectos que requiere el apoyo financiero, es una tarea fundamental ya que permite descubrir proyectos rentables. Anteponer los intereses del sector agropecuario, es prioridad del gobierno dentro de su Plan de Diversificación Económica e Industrialización.

## 9.4. Recomendaciones a las familias campesinas dedicadas a pequeñas explotaciones ganaderas

La actividad pecuaria es muy importante porque tiene impacto en la salud de las personas. Todos juntos hemos de buscar estrategias para desarrollar explotaciones que abastezcan nuestros mercados, para competir con la importación de productos cárnicos congelados.

A través de este proyecto, se recomienda a los campesinos a aumentar el tamaño de sus explotaciones aplicando las técnicas de producción ecológica controlada, afín de que las aves sean aptas para el consumo humano.

## 10.  REFERENCIAS BIBLIOGRÁFICAS

1) Baca Urbina, G. (2001). Evaluación de Proyectos. 4º ed. México. MC Graw Hill

2) Cauas, D. (2015). Definición de las variables, enfoque y tipo de investigación. Bogotá. biblioteca electrónica de la universidad Nacional de Colombia, 2, 1-11

3) Díaz, P. (2012). Diseño de un proyecto de ganadería de ceba intensiva o feedlot. ubicada en el Magdalena Medio. Retrieved from.

4) Edgar Alfonso de la Peña (2011), "Proyecto de inversión para una granja avícola eco-amigable productora de huevo para plato en la región centro del estado"

5) Franco, P. (2003). Planes de Negocios. Una Metodología Alternativa. Lima. Universidad del Pacífico.

6) Gorrestegui, P. (2009) Economía de la Empresa. Ed. Ramón Areces

7) Lozada Wolf, P. (2004). Proyecto empresarial La Granjita. Retrieved from https://ciencia.lasalle.edu.co/esp_gerencia_empresas_agropecuarias/63

8) Ludevid, M; Ollé, M. (1994). Cómo crear su propia empresa. Factores claves de Gestión.

9) Manel Rajadell, C (2003) Creación de empresas, ediciones UPC

10) Manual del emprendedurismo, Dirección Nacional de Apoyo al Joven Empresario  Presidencia de la Nación- República de Argentina.

11) Maitland, L. (2004). Cómo Confeccionar un Plan de Negocio en una Semana. Ediciones Gestión 2000.

12) Plan Nacional de Desarrollo Económico y Social Guinea Ecuatorial (2020-2035). Agenda para la Diversificación de las Fuentes de Crecimiento. Tomos I, II, III. Visión y ejes estratégicos

13) Perdomo Escobar, J. A. (2012). Proyecto de investigación de mercado para el posicionamiento de productos cárnicos Espetinhos-M. Retrieved from https://ciencia.lasalle.edu.co/esp_gerencia_empresas_agropecuarias/71

14) Robles, F. (2014). ¿Qué es el Diseño Metodológico de una Investigación? Características Más Importantes

15) Rodríguez Velasco, C. L., & Pueyo Villa, S. (2014). Metodología de la investigación científica. Barcelona. FUNIBER

16) Rodrigo Illera, C. (2006). Dirección de Producción. Estrategias. Ed. Ramón Areces

17)Rufin Moreno, R. (2007). Marketing Superior. Ed. Alondra

18)Stettinius, W. (2009). Plan de negocio: Cómo diseñarlo e implementarlo: Todos los pasos desde el diseño a la puesta en marcha y revisión.

19)Sanchis P.; Joan R. (1999). Creación y Dirección de Proyectos. ed. Diaz de Santos

20)Semiraz, D. (2006). Preparación y evaluación de proyectos de inversión. Buenos Aires

21)Toukea, N. (2001). El buen combate de la fe. Douala

22)Vargas, Á. (2005). Proyecto empresarial agrícola y ganadero Vargas Rodríguez Ltda. Retrieved from

https://ciencia.lasalle.edu.co/esp_gerencia_empresas_agropecuarias/65

23)Velasco, F. (2007). Aprender a elaborar un plan de negocio. Paidós.

24)Yag, H.; Barry R. (2011). Dirección de Producción y de Operaciones. Decisiones tácticas. Ed. PEARSON Prentice Hall.

**11. ANEXOS: Encuestas realizadas**

ENCUESTA REALIZADA EN LA CIUDAD DE BATA, CON EL OBJETIVO DE RECABAR INFORMACION SOBRE LA OPINION DE VENDEDORES COMPRADORES DE PRODUCTOS CARNICOS CONGELADOS, ASI COMO TECNCIOS DE INPAGE Y ECA, EN LA NECESIDAD DE IMPLEMENTAR UNA EMPRESA BASADA EN EL SISTEMA DE PRODUCCION ECOLOGICA DE GALLINAS Y HUEVOS EN LA CIUDAD DE BATA, CAPITAL ECONOMICA DE GUINEA ECUATORIAL.

A. Cuestionario para los compradores de gallinas y huevos en los mercados Central y km 5:

1. *¿Estaría usted de acuerdo que en Bata se instale una granja avícola con la producción de huevos y gallinas ecológicas que se pueden abastecer a los mercados de Bata?*

-------------------------------------------------------------------------------------

-------------------------------------------------------------------------------------

-------------------------------------------------------------------------------------

---------------------------------------------------

2. *¿A qué precio le gustaría comprar el huevo o la gallina fértil en el mercado?*

-------------------------------------------------------------------------------------

-------------------------------------------------------------------------------------

-------------------------------------------------------------------------------------

---------------------------------------------------

3. *¿Estaría dispuesto a realizar la compra de esos productos toda vez que estén en el mercado?*

-------------------------------------------------------------------------------------

-------------------------------------------------------------------------------------

-------------------------------------------------------------------------------------

---------------------------------------------------

4. *¿Cuánta gente de su casa también desearía consumir esos mismos productos?*

-------------------------------------------------------------------------------------

-------------------------------------------------------------------------------------

-----------------------------------------------------------------------------------

---------------------------------------------------

5. *¿Cree usted que adquirir huevos y cárnicos libres de químicos debería ser más caro que adquirir los productos congelados?*

-----------------------------------------------------------------------------------

-----------------------------------------------------------------------------------

-----------------------------------------------------------------------------------

----------------------------------------------------

6. *¿En dónde le gustaría encontrar estos productos?*

-----------------------------------------------------------------------------------

-----------------------------------------------------------------------------------

---------------------------------------

-----------------------------------------------------------------------------------

----------------------

7. *¿Cree usted que el consumo de congelados puede de alguna manera su salud y la de su familia?*

-----------------------------------------------------------------------------------

-----------------------------------------------------------------------------------

-----------------------------------------------------------------------------------

----------------------------------------------------

8. *¿Ha consumido alguna vez gallina y huevo producidos en una granja de Guinea o a nivel de pueblo?*

-----------------------------------------------------------------------------------

-----------------------------------------------------------------------------------

-----------------------------------------------------------------------------------

----------------------------------------------------

**9.** *¿Sabría decirnos por qué en este mercado solo se venden los congelados importados, y no productos nativos?*

-----------------------------------------------------------------------------------

-----------------------------------------------------------------------------------

------------------------------------------------------------------

----------------------------------------

*10. ¿Si se abriese una granja en esta ciudad aceptaría trabajar en ella?*

------------------------------------------------------------------

------------------------------------------------------------------

------------------------------------------------------------------

--------------------------------------------

*11. ¿Qué tipo de enfermedades cree que aportan las gallinas de pueblo o rurales?*

------------------------------------------------------------------

------------------------------------------------------------------

------------------------------------------------------------------

--------------------------------------------

*12. ¿Podría decirnos por qué la granja de BICOMO y la de AFROM se cerraron en 2010?*

------------------------------------------------------------------

------------------------------------------------------------------

------------------------------------------------------------------

--------------------------------------------

*13. ¿Recordaría qué tipo de productos cárnicos se vendían en esas granjas y a qué precios?*

------------------------------------------------------------------

------------------------------------------------------------------

------------------------------------------------------------------

--------------------------------------------

*14. ¿Cuántas veces por semana/mes incorpora en su dieta la gallina/pollo y huevo?*

------------------------------------------------------------------

------------------------------------------------------------------

------------------------------------------------------------------

--------------------------------------------

15. ¿Puede explicarnos que proceso sigue para cocinar la gallina que compra en el mercado y de dónde aprendió ese proceso?

-------------------------------------------------------------------------------
-------------------------------------------------------------------------------
-------------------------------------------------------------------------------
-----------------------------------------------

16. ¿Si en alguna ocasión ha cocina la gallina de pueblo, suele seguir el mismo proceso como en el caso anterior?

-------------------------------------------------------------------------------
-------------------------------------------------------------------------------
-------------------------------------------------------------------------------
-----------------------------------------------

17. ¿Al romper el huevo que compra en el mercado, ha notado alguna vez algún olor o color inadecuado?

-------------------------------------------------------------------------------
-------------------------------------------------------------------------------
-------------------------------------------------------------------------------
-----------------------------------------------

18. ¿En alguna ocasión habrá visto en la televisión pública que el gobierno destruye los congelados de alguna empresa de Bata?

-------------------------------------------------------------------------------
-------------------------------------------------------------------------------
-------------------------------------------------------------------------------
-----------------------------------------------

19.   Conforme a la tradición FANG, en momentos festivos (bautizos, fiestas patronales, año nuevo, matrimonios, defunciones), la gente suele sacrificar animales vivos; ¿Dónde los suelen adquirir?

-------------------------------------------------------------------------------
-------------------------------------------------------------------------------
-------------------------------------------------------------------------------
-----------------------------------------------

*20. En su opinión, si se prohíbe la importación de productos cárnicos, ¿le encantaría?*

__________________________________________________________________

__________________________________________________________________

__________________________________________________________________

__________________________________

B. Cuestionario para los vendedores de gallinas y huevos en los mercados Central y km 5

1. *¿Puede decirnos qué productos cárnicos vende y de qué procedencia son?*

__________________________________________________________________

__________________________________________________________________

__________________________________________________________________

_____________________________

2. *¿En algún momento de su negocio, se ha quejado de los productos que vende, por su estado de conservación o calidad?*

__________________________________________________________________

__________________________________________________________________

__________________

3. *¿Ha tenido clientes que demandan gallinas de pueblo o huevos tradicionales?*

__________________________________________________________________

__________________________________________________________________

__________________________________________________________________

_____________________________

4. *¿Ha tenido el coraje de preguntar a esos clientes del por qué demandan animales vivos o huevos tradicionales?*

__________________________________________________________________

__________________________________________________________________

__________________________________________________________________

____________________________

5. *¿Aquí en el mercado Central/km 5 hay lugares especiales para la compra de gallinas vivas o huevos traídos de los poblados?*

-------------------------------------------------------------------------

-------------------------------------------------------------------------

-------------------------------------------------------------------------

-----------------------------------

6. *Si se tuviera que abastecerle gallinas y huevos de una granja instalada en esta ciudad; ¿aceptaría comprar vivos o empaquetados para revender a la población?*

-------------------------------------------------------------------------

------------------

-------------------------------------------------------------------------

------------------

-------------------------------------------------------------------------

------------------

7. *¿Qué opina sobre el consumo de los productos congelados importados que vende? ¿Cree que tienen algún impacto positivo/negativo en la salud de los consumidores? ¿Habrá recibido alguna queja de sus clientes sobre dichos productos?*

-------------------------------------------------------------------------

-------------------------------------------------------------------------

--------------------------

-------------------------------------------------------------------------

------------

8. *¿Cuál es el promedio de ingresos que obtiene en las ventas de gallinas?*

-------------------------------------------------------------------------

-------------------------------------------------------------------------

-------------------------

C. Cuestionario para Técnicos de INPAGE

1. *¿Cuál es la función de vuestra Institución?*

-------------------------------------------------------------------------

-------------------------------------------------------------------------

-------------------------------------------------------------------------

-------------------------------------

2. *En vuestra función de promoción y desarrollo de la ganadería, ¿habéis conseguido algo positivo que permita erradicar la importación de cárnicos congelados?*

-------------------------------------------------------------------------------------

-------------------------------------------------------------------------------------

-------------------------------------------------------------------------------------

----------------------------------------

3. *¿Podría decirnos cuales fueron los móviles que impulsaron la desaparición de los proyectos ganaderos como PESA y otros que se implementaron en Bata?*

-------------------------------------------------------------------------------------

-------------------------------------------------------------------------------------

-------------------------------------------------------------------------------------

----------------------------------------

4. *¿Qué diferencia hay entre una gallina producida con métodos industriales y una de métodos ecológicos?*

-------------------------------------------------------------------------------------

-------------------------------------------------------------------------------------

-------------------------------------------------------------------------------------

----------------------------------------

5. *¿Hay algún riesgo en el consumo de productos cárnicos conservados a temperas modificados o conservados prolongadamente?*

-------------------------------------------------------------------------------------

-------------------------------------------------------------------------------------

-------------------------------------------------------------------------------------

----------------------------------------

6. *¿Qué riesgos existen para el consumo de cárnicos congelados qué importan al País y los que se crían con métodos tradicionales?*

-------------------------------------------------------------------------------------

-------------------------------------------------------------------------------------

-------------------------------------------------------------------------------------

----------------------------------------

7. *¿Cuáles son los diferentes modelos que se pueden utilizar para la cría de gallinas y cual se adecua a nuestro entorno?*

-------------------------------------------------------------------------------------

-------------------------------------------------------------------------------------

-------------------------------------------------------------------------------------

--------------------------------------------

8. *Tras la implementación del Plan Nacional de Desarrollo Económico y Social de GE, H.2035, ¿Qué acciones ha diseñado el Gobierno para el desarrollo de la ganadería en el País?*

-------------------------------------------------------------------------------------

-------------------------------------------------------------------------------------

-------------------------------------------------------------------------------------

--------------------------------------------

9. *¿Actualmente existe algún proyecto ganadero privado o público en el País?*

-------------------------------------------------------------------------------------

-------------------------------------------------------------------------------------

-------------------------------------------------------------------------------------

--------------------------------------------

10. *¿En qué medida apoyaría INPAGE en la implementación de una granja cuya idea provenga de unos particulares y no del Gobierno?*

-------------------------------------------------------------------------------------

-------------------------------------------------------------------------------------

-------------------------------------------------------------------------------------

--------------------------------------------

11. *¿Qué variables podemos considerar para calcular el costo de la ganadería industrial y la ecológica?*

-------------------------------------------------------------------------------------

-------------------------------------------------------------------------------------

-------------------------------------------------------------------------------------

--------------------------------------------

12. ¿Qué función juega la veterinaria en una granja ecológica?

---------------------------------------------------------------------------------

---------------------------------------------------------------------------------

----------------------------------------------------222-------------------------

-------------------------------------

13. ¿Qué medidas toma el Gobierno para los productos congelados de poca calidad
nutritiva y/o caducados?

---------------------------------------------------------------------------------

---------------------------------------------------------------------------------

---------------------------------------------------------------------------------

---------------------------------------

14. ¿Si se quisiere implementar una granja en Bata, cuál es la mejor opción y dónde
hay que empezar?

---------------------------------------------------------------------------------

----------------

---------------------------------------------------------------------------------

----------------

---------------------------------------------------------------------------------

------------------

15. ¿Qué diferencia hay entre un huevo ecológico y un huevo comercial, una gallina
ecológica y una producida industrialmente?

---------------------------------------------------------------------------------

---------------------------------------------------------------------------------

---------------------------------------------------------------------------------

--------------------------------------

16. ¿Por qué es importante la presencia de vitaminas, calcio, proteínas, hierro, omega
3 en la carne de gallina y huevos y qué beneficios aportan para la salud?

---------------------------------------------------------------------------------

---------------------------------------------------------------------------------

---------------------------------------------------------------------------------

------

17. *Hablando del mercado de gallinas y huevos en Bata, ¿Qué podría aportarnos como técnico de la materia de ganadería y directivo de INPAGE?*

-------------------------------------------------------------------------------

-------------------------------------------------------------------------------

-------------------------------------------------------------------------------

------

18. *La población está siguiente unas pautas para cocinar los productos cárnicos que se importan al País, como es el caso de hacer bullir la carne antes de cocinarla. ¿Son recomendaciones de algún grupo profesional o de su organización y por qué?*

-------------------------------------------------------------------------------

-------------------------------------------------------------------------------

-------------------------------------------------------------------------------

------

19. *Según la pregunta anterior, ¿es rentable lavar la carne de gallina fresca en agua caliente y luego cocinarla?*

-------------------------------------------------------------------------------

-------------------------------------------------------------------------------

-------------------------------------------------------------------------------

------------------------------------

20. *¿Por qué en el País, el pienso y otros materiales para cría de animales cuestan tan caros?*

-------------------------------------------------------------------------------

-------------------------------------------------------------------------------

-------------------------------------------------------------------------------

------------------------------------

21. *El Gobierno prohibió el consumo de animales criados a estilo rural en los pueblos por riesgo de contaminación de enfermedades como Tifoidea, fiebre aviar y la tenía. ¿Cree usted que era una medida adecuada o se podía establecer estrategias para sanear la situación y continuar con la producción rural?*

-------------------------------------------------------------------------------

-------------------------------------------------------------------------------

-------------------------------------------------------------------------------

------------------------------------

22. *¿Por qué los profesionales y directivos de INPAGE no dieron recomendaciones al respecto?*

-------------------------------------------------------------------------------------

-------------------------------------------------------------------------------------

-------------------------------------------------------------------------------------

---------------------------------------

23. *¿Qué se requiere para obtener la Certificación veterinaria para una granja en GUINEA Ecuatorial?*

-------------------------------------------------------------------------------------

-------------------------------------------------------------------------------------

-------------------------------------------------------------------------------------

-----------------------------------------

24. *¿Existe algún laboratorio para el análisis de los alimentos a nivel de INPAGE?*

-------------------------------------------------------------------------------------

-------------------------------------------------------------------------------------

-------------------------------------------------------------------------------------

----------------------------------------

25. *En su opinión, como técnico con experiencia acumulada en materia de producción animal, ¿Qué recomendación nos daría?*

-------------------------------------------------------------------------------------

-------------------------------------------------------------------------------------

-------------------------------------------------------------------------------------

-------------------------------------------------------------------------------------

-------------------------------------------------------------------------------------

26. *A pesar de la existencia de la sección veterinaria en la Aduanas de GE, ¿cómo es posible que los importadores traigan productos cárnicos congelados de mala calidad o caducados sin que dichos servicios den aviso al Ministerio Tutor?*

-------------------------------------------------------------------------------------

-------------------------------------------------------------------------------------

-------------------------------------------------------------------------------------

-------------------------------------------------------------------------------------

D. Cuestionario para estudiantes egresados de la Escuela de Capacitación Agraria de ALEP (año de finalización de estudios: junio de 2021)

1. *¿A qué se dedica ahora y desde que finalizó sus estudios ha trabajado en una granja?*

------------------------------------------------------------------------------------

------------------------------------------------------------------------------------

------------------------------------------------------------------------------------

2. *¿Tiene alguna idea de lo que es una granja industrial?*

------------------------------------------------------------------------------------

------------------------------------------------------------------------------------

------------------------------------------------------------------------------------

----------------------------------------

3. *Si se le ofreciere un puesto de trabajo en un proyecto de granja en Bata, ¿aceptaría la oferta?*

------------------------------------------------------------------------------------

------------------------------------------------------------------------------------

------------------------------------------------------------------------------------

----------------------------------------

4. *¿Si es consumidor de los congelados de MH, EGTC, SANTY, qué opinión nos da a cerca de esos productos?*

------------------------------------------------------------------------------------

------------------------------------------------------------------------------------

------------------------------------------------------------------------------------

----------------------------------------

5. *Como egresado de una escuela de formación profesional de grado Superior, ¿Existe algún riesgo en el consumo prolongado de los congelados importados y/o conservados a temperaturas modificadas?*

------------------------------------------------------------------------------------

------------------------------------------------------------------------------------

-------------------------------------------------------------------------------

----------------------------------------

6. *¿Podría decirnos qué modelos de granja conoce?*

------------------------------------------------------------------------

------------------------------------------------------------------------

------------------------------------------------------------------------

-------------------------------------

7. *Durante su periodo de formación, ¿han conocido algunas estadísticas sobre la producción ganadera (industrial, ecológica tecnificada y rural) en el País?*

------------------------------------------------------------------------

------------------------------------------------------------------------

------------------------------------------------------------------------

---------------------------------------

8. *¿Cuál de los 3 modelos citados anteriormente es adecuado para conseguir eficiencia y la continuidad en la producción ganadera en Bata, y por qué?*

------------------------------------------------------------------------

------------------------------------------------------------------------

------------------------------------------------------------------------

---------------------------------------

9. *¿Qué acciones cree que se han de implementar para convencer y fidelizar a la población en el consumo de productos nacionales, en caso de que se implemente un proyecto pecuario de alcance nacional?*

------------------------------------------------------------------------

------------------------------------------------------------------------

------------------------------------------------------------------------

---------------------------------------

10. *¿Le suenan las enfermedades de Salmonella o fiebre tifoidea y tenía; a qué se deben?*

------------------------------------------------------------------------

------------------------------------------------------------------------

------------------------------------------------------------------------

-------------------------------------

11. *¿Qué factores técnicos pueden provocar el fracaso de un proyecto ganadero de modelo ecológico?*

----------------------------------------------------------------------------------

----------------------------------227---------------------------------------------

----------------------------------------------------------------------------------

------------------------------------

12. *¿Cree usted que la producción avícola a estilo domestico-rural/campesino, se puede mejorar afín de que sea apta para el consumo humano?*

----------------------------------------------------------------------------------

----------------------------------------------------------------------------------

----------------------------------------------------------------------------------

-------------------------------------

13. *A nivel de ECA, ¿existen máquinas de laboratorio para el análisis de los alimentos?*

----------------------------------------------------------------------------------

----------------------------------------------------------------------------------

----------------------------------------------------------------------------------

------------------------------------

14. *En su opinión, y como profesional en la materia de producción animal, ¿qué recomendación nos daría?*

----------------------------------------------------------------------------------

----------------------------------------------------------------------------------

----------------------------------------------------------------------------------

----------------------------------------------------------------------------------

---------------------------------------------------

E. Cuestionario para una familia campesina dedicada a la cría de gallinas en el consejo de poblado de AMAN ODJAP CDO., CARRETERA BATA-MBINI a 12 km de la ciudad, cuyo modelo de crianza es a estilo tradicional descontrolada.

1. *¿Podría explicarnos cuál es el objetivo por el que cuida esos animales aquí en AMAN?*

---------------------------------------------------------------------------------

---------------------------------------------------------------------------------

---------------------------------------------------------------------------------

-----------------------------------------

2. *Cuando usted y su familia los consumen o los venden a sus clientes, ¿No experimentan alguna contaminación por enfermedad que padecen esos animales?*

---------------------------------------------------------------------------------

---------------------------------------------------------------------------------

---------------------------------------------------------------------------------

-----------------------------------------

3. *¿A nivel de salud les aventaja más el consumo de productos congelados o los animales que crían aquí en el pueblo?*

---------------------------------------------------------------------------------

---------------------------------------------------------------------------------

---------------------------------------------------------------------------------

-----------------------------------------

4. *¿Cuál es el promedio de ingresos que obtiene por venta de esos animales?*

---------------------------------------------------------------------------------

---------------------------------------------------------------------------------

---------------------------------------------------------------------------------

-----------------------------------------

5. *¿En qué gasta ese dinero obtenido?*

---------------------------------------------------------------------------------

---------------------------------------------------------------------------------

---------------------------------------------------------------------------------

-----------------------------------------

6.  *El Gobierno prohibió el cuidado de animales a estilo campesino descontrolado, por temor a riesgo de contagio de enfermedades. ¿Qué medidas está tomando en su actividad para respetar el decreto de prohibición?*

    __________________________________________________________________________

    __________________________________________________________________________

    __________________________________________________________________________

    ______________________________

7.  *¿Cree que algún agente público o privado debería intervenir para ayudarle en su actividad campesina? ¿Qué tipo de apoyo necesitaría?*

    __________________________________________________________________________

    __________________________________________________________________________

    __________________________________________________________________________

    ______________________________

8.  *Conforme a su experiencia que ya dispone en esa actividad, ¿podría apoyar con sus conocimientos empíricos en un proyecto ganadero de envergadura?*

    __________________________________________________________________________

    __________________________________________________________________________

    __________________________________________________________________________

    ______________________________

9.  *¿Cuántos animales y huevos pueden vender por mes, por semana o por año?*

    __________________________________________________________________________

    __________________________________________________________________________

    __________________________________________________________________________

    ______________________________

10. *¿Cuántas razas de gallinas dispone?*

    __________________________________________________________________________

    __________________________________________________________________________

    __________________________________________________________________________

    ______________________________

11. *¿Dispone de algún método para obtener estas razas?*

-------------------------------------------------------------------------------------

----------------

-------------------------------------------------------------------------------------

-----------------

-------------------------------------------------------------------------------------

----------------


12. *Al observar los huevos y gallinas en tu granjero, se detecta que son pequeños en tamaño, ¿A qué se debe? ¿Conoce algún método para engordarlos?*

-------------------------------------------------------------------------------------

-------------------------------------------------------------------------------------

-------------------------------------------------------------------------------------

-----------------------------------------------


13. *¿Qué sistema de alimentación utiliza para sus animales?*

-------------------------------------------------------------------------------------

-------------------------------------------------------------------------------------

-------------------------------------------------------------------------------------

-----------------------------------------------


14. *¿Le suena la raza de gallina pantalón?*

-------------------------------------------------------------------------------------

-------------------------------------------------------------------------------------

-------------------------------------------------------------------------------------

-----------------------------------------------


15. *En su granjero, ¿Cuantas gallinas y gallos dispone, y cuál es el ciclo de postura a estilo natural?*

_______________________________________________________________________

-------------------------------------------------------------------------------------

-------------

16. *A nivel de pueblo y/o ciudad, ¿A qué precio vende la gallina hembra, el gallo y el huevo?*

-------------------------------------------------------------------------------------

-------------------------------------------------------------------------------------

-------------------------------------------------------------------------------------

------------------------------------------

17. *Observamos que sus animales viven al aire libre en medio rural donde posiblemente existen depredadores como gavilán y serpientes. ¿Qué hace para protegerlos?*

-------------------------------------------------------------------------------------

-------------------------------------------------------------------------------------

-------------------------------------------------------------------------------------

------------------------------------------

18. *A la hora de sacrificar alguna gallina para el consumo familiar, ¿Qué método se utiliza aquí en el pueblo para desplumarla?*

-------------------------------------------------------------------------------------

-------------------------------------------------------------------------------------

-------------------------------------------------------------------------------------

------------------------------------------

19. *A la hora de vender los animales en el mercado km 5 como has dicho, ¿Los lleva vivos sin desplumar o los sacrifica, desplumándolos y empaquetándolos?*

-------------------------------------------------------------------------------------

-------------------------------------------------------------------------------------

-------------------------------------------------------------------------------------

------------------------------------------

20. *Las excretas de esas gallinas, ¿le sirven para otra cosa, como por ejemplo agricultura?*

-------------------------------------------------------------------------------------

-------------------------------------------------------------------------------------

-------------------------------------------------------------------------------------

------------------------------------------

21. *¿Le gustaría que algún hijo suyo estudiara una carrera que se relacione con esa actividad?*

------------------------------------------------------------------------------------

------------------------------------------------------------------------------------

------------------------------------------------------------------------------------

-------------------------------------

22. *¿Tiene alguna recomendación que darnos a cerca de la actividad ganadera?*

------------------------------------------------------------------------------------

------------------------------------------------------------------------------------

------------------------------------------------------------------------------------

-------------------------------------

F. Cuestionario para un Directivo de la Empresa Martínez Hermanos, empresa importadora de productos congelados

1. *¿Cuánto tiempo lleva su empresa importando productos cárnicos congelados al País?*

------------------------------------------------------------------------------------

------------------------------------------------------------------------------------

------------------------------------------------------------------------------------

-------------------------------------

2. *¿Qué puede decirnos sobre la salubridad de los productos que importa su empresa?*

------------------------------------------------------------------------------------

------------------------------------------------------------------------------------

------------------------------------------------------------------------------------

-------------------------------------

3. *A veces la población se queja de que vuestros productos llegan caducados o son de baja calidad. ¿Qué puede decirnos al respecto?*

------------------------------------------------------------------------

------------------------------------------------------------------------

------------------------------------------------------------------------

-------------------------------------

4. *La población se queja de la subida de precios de vuestros productos cárnicos. ¿A qué se debe?; y ¿Cuál es su volumen de ventas por día, semana o por mes?*

------------------------------------------------------------------------

------------------------------------------------------------------------

------------------------------------------------------------------------

-------------------------------------

5. *Como empresa, ¿Han pensado implementar una industria cárnica en el País?*

------------------------------------------------------------------------

------------------------------------------------------------------------

------------------------------------------------------------------------

-------------------------------------

6. *En otros momentos anteriores, ¿Su empresa llegó a adquirir los productos de las granjas de Bata y venderlos en sus establecimientos?*

------------------------------------------------------------------------

------------------------------------------------------------------------

------------------------------------------------------------------------

-------------------------------------

7. *¿En qué países adquieren sus productos cárnicos?*

------------------------------------------------------------------------

------------------------------------------------------------------------

------------------------------------------------------------------------

-------------------------------------

# ASPECTOS CONSIDERADOS EN LAS ENCUESTAS

A nivel de las encuestas a vendedores de mercado, hemos tenido en cuenta los siguientes datos:

1. Volumen de actividad

2. Experiencia en el negocio

3. Registros de sus compraventas al contado y a crédito.

A nivel de las familias encuestadas en los pueblos cercanos a la ciudad, se ha tenido en cuenta:

1. Que sea el jefe de la familia (padre) a quien se haga las preguntas

2. La lengua dominante (preferentemente el FANG, se ha traducido la encuesta en español para permitir que el encuestado se exprima con fluidez)

3. El tiempo disponible del encuestado.

Printed by Books on Demand GmbH, Norderstedt / Germany